Alexandre Shigunov Neto

Elaboração e Análise de PROJETOS AMBIENTAIS E SOCIAIS

EDITORA CIÊNCIA MODERNA

Elaboração e Análise de Projetos Ambientais e Sociais

Editor: Paulo André P. Marques
Produção Editorial: Dilene Sandes Pessanha
Capa: Daniel Jara
Diagramação: Lucia Quaresma
Copidesque: Equipe Ciência Moderna

FICHA CATALOGRÁFICA

NETO, Alexandre Shigunov.

Elaboração e Análise de Projetos Ambientais e Sociais

Rio de Janeiro: Editora Ciência Moderna Ltda., 2021.

1. Planejamento Empresarial 2.Meio Ambiente
I — Título

ISBN: 978-85-399-0971-1 CDD 658.4
577

Editora Ciência Moderna Ltda.
R. Alice Figueiredo, 46 – Riachuelo
Rio de Janeiro, RJ – Brasil CEP: 20.950-150
Tel: (21) 2201-6662/ Fax: (21) 2201-6896
E-MAIL: LCM@LCM.COM.BR
WWW.LCM.COM.BR **03/21**

SOBRE O AUTOR

Alexandre Shigunov Neto

Administrador formado pela Universidade Estadual de Maringá (UEM).

Especialista em Economia Empresarial pela Universidade Estadual de Londrina (UEL)

Mestre em Educação pelo Programa de Pós-graduação em Educação da Universidade Estadual de Maringá.

Administrador do IFSP campus Itapetininga

Coordenador de Pesquisa e Inovação do IFSP campus Itapetininga

Vice-líder do Grupo de Pesquisas Formação de Professores para os Ensinos básico, técnico, tecnológico e superior (FoPeTec)

Email: shigunov@gmail.com

O currículo completo pode ser consultado em

http://lattes.cnpq.br/2483926168399899

DEDICATÓRIA E AGRADECIMENTOS

Este momento, especial, é o de agradecer e compartilhar a felicidade com amigos e familiares, pela tarefa cumprida e os objetivos atingidos. Sem querer hierarquizar os débitos, deixo aqui sinceros agradecimentos às pessoas que contribuíram, direta ou indiretamente, para que este livro pudesse se tornar realidade.

Sou profundamente grato a todos e especialmentea meus queridos pais, Viktor e Maria Lemir, pelo amor, pelo exemplo, pelos ensinamentos, pela dedicação e pela transmissão de valores de amor e respeito à vida. Mas, principalmente pelas muitas privações e dificuldades por qual passaram para proporcionarem uma vida digna e melhores oportunidades a seus filhos.

A meus queridos irmãos, André, Tatiana, Luiz, Adriano e Felipe.

Especialmente, à minha querida cunhada e amiga, Dilma (in memorium), que nos deixou recentemente, uma perda muito grande e que nos faz muita falta.

A minha esposa e grande amor Renata, companheira e amiga que sempre compreende, incentiva e acredita em todos meus sonhos e projetos. Agradeço pela paciência, colaboração, apoio, amor, ternura, dedicação, pela força nos momentos difíceis e, principalmente, por compreender minha ausência em alguns momentos.

Por fim, gostaria de deixar registrado, minha imensa alegria e felicidade com o crescimento de minha filha querida, Maria Clara, fonte de inspiração e alegria. É maravilhoso compartilhar e presenciar sua constante alegria e sorriso. Você é linda e maravilhosa. Te amo muito, minha linda!

Alexandre Shigunov Neto

APRESENTAÇÃO DO LIVRO

O presente livro intitulado "Elaboração e Análise de Projetos Ambientais e Sociais" pretende apresentar uma análise da Administração de Projetos Ambientais e Sociais.

Com o intuito de alcançar os objetivos propostos e proporcionar uma leitura de fácil compreensão ao leitor, estruturamos a obra em três capítulos.

No primeirocapítulodenominado de "Fundamentos do Meio Ambiente e da Gestão Ambiental"tratar-se-á sobre a base teórica do Meio Ambiente e da Gestão Ambiental, partindo-se de uma análise histórica das questões ambientais e da gestão ambiental, apresentando os principais conceitos e também o conceito de responsabilidade social e empresarial. Essecapítulo ficou assim estruturado:

- Origens e história da Administração
- Meio ambiente e aspectos econômicos
- Origem e história da gestão ambiental
- Conceitos fundamentais
- Responsabilidade social e empresarial e o meio ambiente

No segundo capítulodenominado "Planejamento Estratégico" tratar-se-á sobre o conceito de planejamento estratégico, sua importância para as organizações, suas fases e como implementá-lo. Esse segundo capítulo ficou assim estruturado:

- Conceitos básicos
- Ciclo do planejamento
- Diagnóstico
- Ferramentas de análise de projetos

No terceiro e último capítulodenominado "Administração de Projetos Ambientais e Sociais"será apresentada uma análise da administração de projetos, da estrutura lógica de um projeto e de como elaborar projetos ambientais e sociais.Esse capítulo ficou assim estruturado:

- Conceitos básicos
- Estrutura lógica dos projetos
- PMI
- Elaboração de projetos ambientais e sociais

SUMÁRIO

Capítulo I

FUNDAMENTOS DO MEIO AMBIENTE E DA GESTÃO AMBIENTAL

OBJETIVOS DE APRENDIZAGEM

Os objetivos de aprendizagem nesse capítulo são:

- Compreender a origem e história da Administração
- Compreender a relação entre meio ambiente e os aspectos econômicos
- Compreender a origem e história da gestão ambiental
- Compreender os conceitos fundamentais da gestão ambiental
- Compreender os conceitos de responsabilidade social e empresarial e o meio ambiente

PLANO DE ESTUDO

A seguir, apresentam-se os tópicos que você estudará nesta unidade:

- Origens e história da Administração
- Meio ambiente e aspectos econômicos
- Origem e história da gestão ambiental
- Conceitos fundamentais
- Responsabilidade social e empresarial e o meio ambiente

A preocupação com questões sobre a utilização indiscriminada dos recursos materiais, a sobrevivência e a concorrência das organizações não é nova, pois remonta ao surgimento da economia moderna, do modo de produção capitalista e também da Revolução Industrial no início do século XIX. Momento este que em alguns países industrializados as organizações começaram a utilizar técnicas de administração e gestão na condução das organizações. Entretanto, a temática do meio ambiente e da gestão ambiental, enquanto preocupação da academia e área de conhecimento específica da Administração surgiu apenas no final da década de 1960, praticamente 100 anos após o surgimento das organizações modernas.

Portanto, as preocupações com o meio ambiente e a gestão ambiental enquanto fundamental para a sobrevivência e competitividade das organizações é relativamente nova.

A gestão ambiental tornou-se objeto de estudo de pesquisadores internacionais a partir do final da década de 1980, entretanto, foi a partir de meados da década de 1990 que tomou significativo impulso. Entre os estudiosos que discutem sobre o tema, destacam-se: Elkington e Burke (1989), Bennett (1992), Winter (1992) e Backer (1995), Vesilind e Morgan (2010) e Mihelcic e Zimmerman (2012).

No Brasil, a gestão ambiental tornou-se objeto de estudo principalmente a partir do final da década de 1990, entre os principais pesquisadores destacam-se: Reis (1996), Donaire (2000), Viterbo Jr. (2000), Moreira (2001), Andrade, Tachizawa e Carvalho (2002), Braga, Hespanhol e Conejo (2005), Shigunov Neto, Campos e Shigunov (2009), Tachizawa (2011), Albuquerque (2009), Aligleri, Aligheri e Kruglianskas (2009), Andrade (2011), Dias (2011), Seiffert (2011, 2011ª e 2012), PhilippiJr.eMalheiros (2012), Adissi, Pinheiro e Cardoso (2012), Barbieri (2012), Cunha e Calijuri (2012), Seifert (2011 e 2012), Jabbour e Jabbour (2013), Philippi Jr., Romero e Bruna (2013), Vilela Júnior e Demajorovic (2013), Barros (2013), Gomes e Garcia (2013), Agra Filho (2014)

Com certeza você, em seu cotidiano, ao ler um livro, um jornal, uma revista ou mesmo ao assistir um programa de televisão já deve ter ouvido falar sobre os problemas ambientais atuais, como o aquecimento global, efeito estufa, recursos não renováveis; responsabilidade socioambiental empresarial e Gestão ambiental. São conceitos que igualmente como liderança, empreendedorismo, logística, estratégia, qualidade e tantos outros pertencentes ao mundo empresarial estão presentes em nosso diaadia.

Não se preocupe,pois vamos nos aprofundar e lhe explicar nesse capítulo do livro, mais detalhadamente, os conceitos de meio ambiente, responsabilidade socioambiental empresarial e gestão ambiental e de sua importância para a sobrevivência das organizações. Tais conhecimentos são importantes para você, futuro profissional, que atuará nas organizações.

O objetivo deste capítulo é o de analisar e apresentar de forma clara e objetiva o meio ambiente e sua relação com a economia e as organizações, a responsabilidade socioambiental empresarial e a gestão ambiental. Por fundamentos do meio ambiente e da gestão ambiental compreendemos seus conceitos, características e a área a qual pertence. Ou seja, quando nos referimos ao conceito de fundamentos entendemos que seja tudo aquilo que fundamenta, que proporciona o suporte teórico e metodológico para a Gestão Ambiental, enquanto área de conhecimento da Administração. Entretanto, para o entendimento do que seja Gestão Ambiental, do seu surgimento e desenvolvimento faz-se necessário que entendamos um pouco do processo de transformação da Administração, pois, é impossível desvincular a Gestão Ambiental da Administração.

Para atingir os objetivos propostos estruturou-se o presente capítulo em duas partes complementares. Num primeiro momento far-se-á a apresentação e análise da origem e história da administração e sua vinculação com a gestão ambiental. E numa segunda parte, os conceitos fundamentais do meio ambiente e os aspectos econômicos, a origem e história da gestão ambiental, os conceitos fundamentais da gestão ambiental e, por fim, uma breve análise da responsabilidade social e empresarial.

1.1. Origens e história da Administração

1.2. Meio ambiente e aspectos econômicos

1.3. Origem e história da gestão ambiental

1.4. Conceitos fundamentais

1.5. Responsabilidade social e empresarial e o meio ambiente

1.1. ORIGENS E HISTÓRIA DA ADMINISTRAÇÃO

Em seu diaadia você já deve ter ouvido falar em Administração, Ciência Administrativa, Ciência da Administração, Teoria Geral da Administração (TGA) ou Gestão Administrativa, pois são termos muito utilizados e comuns.

Mas você sabe o que significam? Denominam a mesma coisa?

Basicamente os termos significam a mesma coisa.

Mesmo na academia os pesquisadores da área utilizam de forma diversificada os termos apresentados, por isso, ao longo deste livro vamos utilizar o termo Administração.

A Administração é a área de conhecimento constituída pelas abordagens, teorias, práticas e modelos administrativos formulados, testados e implementados ao longo de sua recente história de vida, cem anos, que foram completados em 2006.

Apresentaremos uma breve análise sobre as ideias e teorias dos principais estudiosos da Ciência Administrativa apenas para que você, aluno, possa compreender como a Administração e suas teorias evoluíram ao longo do tempo.

Quadro I – Processo de transformação da Ciência Administrativa

PERÍODO HISTÓRICO	CONTRIBUIÇÃO	TEÓRICO/PESQUISADOR
Antiguidade e Idade Média	Filósofos	Sócrates, Platão, Aristóteles, Machiavel, Voltaire, Francis Bacon, René Descartes, Jean-Jacques Rousseau. Michel de Montaigne
Idade Média, Moderna e Contemporânea	Economista	Adam Smith, John Locke, John Stuart Mill, Jean-Baptiste Say, Thomas Robert Malthus, John Maynardes Keynes, David Ricardo, John Bates Clark, Carl Menger, Thomas Hobbes, James Mill, Alfred Marshal, Samuel P. Newman, Thomas More, Imanuel Kant, Benjamin Constant, Francçois Guizot, Alexis de Tocqueville, Benedetto Croce, Jacques Turgot, François Quesnay, François Marie Charles Fourier, Charles Fourrier, John Kenneth Galbraith, Richard Jones, AugustinCournout, Condillac, Nassau William Senior, Hernmann Heinrich Gossen, William Stanley Jevons, Léon Walras, ThornsteinBunde Veblen, William Petty, David Hume, Richard Cantillon, Edmund Burke, FredericoGentz, Gattlieb Fichte, Friedrich List, Fridrich August von Hayek, Ludwig von Mises, Milton Friedman, Caio Prado Junior, Celso Furtado, Mario Henrique Simonsen e Roberto Campos
Idade Moderna e Contemporânea	Críticos do capitalismo	Karl Marx, Frederich Engels, Antonio Gramsci, Herbert Marcuse, Paul Sweezy, Maurice Dobb, Thomas Hodgskin, John Gray, William Thompson, Harry Braverman, André Gorz, Proudhon
Idade Moderna e Contemporânea	Empresários	James Duke, Andrew Preston, William Clark, John D. Rockfeller, Gustavus Swift, James Bell, W. Durant, Henry Du Pont, Thomas Watson, James Watson, Matthew Robinson Boulton

PERÍODO HISTÓRICO	CONTRIBUIÇÃO	TEÓRICO/PESQUISADOR
Idade Moderna	Primórdios	Henry Metcalfe, Henry Towne, Joseph Wharton, Robert Owen, Charles Babbage, Daniel McCallun, Eli Whitney, Alfred Marshal, Charles Fourier, Henry Varnum Poor, Saint-Simon, Louis Blanc, Carl von Clausewitz, Matthew Robinson Boulton, Vilfredo Pareto, George Palmer, W.S. Jevons, Charles Dupin, Joseph Wharton, Frederick Halsey, Henry Towne, Daniel McCallun, Daniel Defoe
Idade Moderna	Administração Científica	Frederick Winslow Taylor, Henri Ford, Harrington Emerson, Henry L. Gantt, Frank Gilbreth, LilianGilbreth, Oliver Sheldon
Idade Moderna e Contemporânea	Teoria da Burocracia	Max Weber; Robert K. Merton; Philip Selznick; Alvin Gouldner; Peter M. Blau
Idade Moderna	Teoria Clássica da Administração	Henry Fayol, Lyndall F. Urwick, Luther Gulick, Alan C. Reylei
Idade Moderna	Teoria das Relações Humanas	Abraham Maslow, Elton Mayo, Mary Parket Follett, William James, Hug Munsterberg, John Dewey, Morris Viteles, Morris Vitelis, Dale Yoder, Victor A. Thompson, William Richard Scott, Carl Rogers, Joseph Tiffin, George C. Homans, Roberto Dubin
Idade Contemporânea	Teoria Comportamental	Herbert Simon; Chester I. Barnard; Douglas McGregor; RensisLikert; Chris Argyris; Kurt Lewin; Frederick Herzberg, David McClelland, Ross Stagner, George Homans
Idade Contemporânea	Teoria Estruturalista	James D. Thompson; AmitaiEtzioni; Peter M. Blau; David R. Sills; Burton R. Clarke; Jean Viet; Victor A. Thompson, William Richard Scott,
Idade Contemporânea	Teoria dos Sistemas	Ludwig von Bertalanffy; E.J. Miller; A.K. Rice; Daniel Katz, Robert I. Kahn; Fremont Kast, James Rosezweig

PERÍODO HISTÓRICO	CONTRIBUIÇÃO	TEÓRICO/PESQUISADOR
Idade Contemporânea	Teoria Neoclássica e Administração por Objetivos	Peter Drucker; George Odiorne; Harold Koontz; Cyril O´Donnell; Ernest Dale; Michael Jucius, Alfred Sloan Jr., John Humble, W.E. Schlender, William Newman, Ralph Davis, George Terry, Morris Hurley e Louis Allen.
Idade Contemporânea	Teoria do Desenvolvimento Organizacional	Leland Bradford; Edgard H. Schein; Warren G. Bennis; Richard E. Walton; Paul R. Lawrence, Jay W. Lorsch
Idade Contemporânea	Teoria da Contingência	John Woodward, Tom Burns & G.M. Stalker, Paul Lawrence, Jay Lorsch
Idade Contemporânea	Administração Contemporânea	Michael Porter, Peter Drucker, Warren Bennis, David Hampton, Henry Mintzberg, Igor H. Ansoff, Stephen P. Robbins, Philip Kloter, Victor H. Vroom
Idade Contemporânea	Gestão da Qualidade	Armand V. Feigenbaum, Genichi Taguchi, G.S. de Radford, Joseph Moses Juran, Kaoru Ishikawa, Philip B. Crosby, Walter A. Shewhart e William Edwards Deming
Idade Contemporânea	Reengenharia	Michael Hammer, James Champy e Thomas H. Davemport

PERÍODO HISTÓRICO	CONTRIBUIÇÃO	TEÓRICO/PESQUISADOR
Idade Contemporânea	Administração no Brasil	Adalberto AmericoFischmann, Allan Claudius Queiroz Barbosa, Alex Coltro, Alexandre Assaf Neto, Alexandre LuzziLas Casas, Ana Akemi Ikeda, Ana Cristina Limongi França, André Luiz Fischer, Antonio Carlos Giuliani, Antonio Cesar Amaru Maximiano, Antônio Roberto Ramos Nogueira, Antonio Virgílio Bittencourt Bastos, AntonioZorattoSanvicenti, Belmiro Valverde Jobim Castor, Carlos Osmar Bertero, Carmem Lígia IochinsGrisci, Cecília Whitaker Bergamini, Cleber Pinheiro de Aquino, Clóvis L. Machado-da-Silva, Cristina Amélia Pereira de Carvalho, Déborah Moraes Zouain, Djalma de Pinho Rebouças Oliveira, Eda Castro Lucas de Souza, Eunice Lacava Kawasnicka, Edi Madalena Fracasso, Edson Pacheco Paladini, Eduardo Pinheiro Gondim de Vasconcellos, Fábio Frezatti, Fernando Antonio Prado Gimenez, Fernando BinsLuce, Fernando Cláudio Prestes Motta, Fernando de Souza Meirelles, Flávio Carvalho de Vasconcelos, Geraldo R. Caravantes, Idalberto Chiavenato, Jacques Marcovitch, João Bosco Lodi, João Mario Csillag, Joel Souza Dutra, José Carlos Zanelli, José Henrique de Faria, José Matias Pereira, Luciano Antonio Prates Junqueira, Luiz Carlos Bresser Gonçalves Pereira, Manuel S. B. Alvarez, Marco Aurélio P. Dias, Maria Cecília Coutinho de Arruda, Maria José Tonelli, Marcelo Milano Falcão Vieira, Maria Diva da Salete Lucena, Maria Tereza Leme Fleury, Marilou Manzini Covre, Maurício Tragtenberg, Marcos Henrique Nogueira Cobra, Miguel Pinto Caldas, NérioAmboni, Norberto Hoppen, Paulo Fernando Fleury da Silva e Souza, Paulo Roberto de Mendonça Motta, Reinaldo O. da Silva, Ricardo Pereira Camara Leal, Roberto Coda, Rosa Maria Fischer, Rui Otávio Bernardes de Andrade, Sergio Bulgacov, Sylvia Constant Vergara, Suzana Braga Rodrigues, Tânia Maria Diederichs Fischer, Tomás de Aquino Guimarães, Thomaz Wood Jr., Vicente Falconi Campos.

PERÍODO HISTÓRICO	CONTRIBUIÇÃO	TEÓRICO/PESQUISADOR
Idade Contemporânea	Administração Estratégica	Kenneth Andrews, Roland Christensen, Alfred Chandler, Alfred Sloan, Pierre Du Pont Peter Drucker, Igor Ansoff, Philip Selznick, Gary Hamel, C.K. Prahalad, Michel Porter, Tom Peters, Robert Kaplan, David Norton, Peter Certo, Henry Mintzberg
Idade Contemporânea	Gestão Ambiental	Reis (1996), Donaire (2000), Viterbo Jr. (2000), Moreira (2001), Andrade, Tachizawa e Carvalho (2002), Braga, Hespanhol e Conejo (2005), Shigunov Neto, Campos e Shigunov (2009), Tachizawa (2011), Albuquerque (2009), Aligleri, Aligheri e Kruglianskas (2009), Andrade (2011), Dias (2011), Seiffert (2011, 2011a e 2012), PhilippiJr.eMalheiros (2012), Adissi, Pinheiro e Cardoso (2012), Barbieri (2012), Cunha e Calijuri (2012), Seifert (2011 e 2012), Jabbour e Jabbour (2013), Philippi Jr., Romero e Bruna (2013), Vilela Júnior e Demajorovic (2013), Barros (2013), Gomes e Garcia (2013)

Fonte: Adaptado de Shigunov Neto e Gomes, 2015.

O quadro ora apresentado objetiva demonstrar para os leitores como se procedeu o processo de transformação da Ciência Administrativa ao longo da história da humanidade. Nesse sentido, consideramos que a apresentação dos grandes nomes da Ciência Administrativa se tornaria mais fácil se houvesse uma contextualização dos diferentes momentos históricos vivenciados por esses grandes personagens que tiveram importância significativa no processo de transformação da Ciência Administrativa(Shigunov Neto, Teixeira e Campos, 2005).

Como vimos a Administração apesar de ser uma área de conhecimento relativamente nova já possui uma gama considerável de teorias e estudiosos.

Com certeza algumas dessas teorias e nomes de pesquisadores você já deve ter ouvido falar.

A Administração, enquanto ciência que se dedica ao estudo das organizaçõesé relativamente recente e surgiu logo após a Revolução Industrial, entretanto, os conhecimentos referentes à Ciência Administrativa sempre foram utilizados pela civilização humana.

Citação

Peter Drucker (1969,p.17) define a Administração da seguinte forma: a Administração, que é o órgão da sociedade especificamente encarregado de tornar produtivos os recursos, isto é, que tem sobre si a responsabilidade do progresso econômico organizado, reflete, portanto, o espírito fundamental da era moderna. Ela é de fato, indispensável - e isto explica por que, uma vez gerada, cresceu com tanta rapidez e com tão pouca oposição.

Fique Ligado!

Peter Ferdinand Drucker (1909-2005) nasceu em Viena na Áustria em 1909. Formou-se em Direito. Obteve o título de Doutor em Direito Público e Internacional em Frankfurt na Alemanha. Foi jornalista econômico. No final da década de 1930 mudou-se para os Estados Unidos, onde foi jornalista e economista de um grupo de bancos e financeiras.Durante a II Guerra Mundial realizou estudos para a General Motors.Publicou centenas de artigos científicos em revistas acadêmicas e científicas.Publicou mais de 30 livros, entre suas principais obras podemos destacar: A nova sociedade (1950), Prática da Administração de Empresas (1954), Administração lucrativa (1964), O gerente eficaz (1967).Peter Drucker é considerado o pai da Administração, uma referência para todos os Administradores e organizações.

Existem várias definições de administração e do processo administrativo ou das funções da administração, mas o primeiro estudioso a formular as funções administrativas foi Henri Fayol.

Para Henri Fayol toda e qualquer organização é dividida em seis grupos de operações:

- Operações técnicas - constituída pelas operações de produção, fabricação e transformação
- Operações comerciais - constituída pelas operações de compras, vendas e trocas
- Operações financeiras - constituída pelas operações de procura e gerência de capitais
- Operações de segurança - constituída pelas operações de proteção de bens e pessoas
- Operações de contabilidade - constituída pelas operações de inventários, balanços, preços, etc.

- Operações administrativas - denominadas de funções da administração e que para ele ainda eram pouco conhecidas.

Dentro desta perspectiva, Henri Fayol definiu as operações administrativas em5 funções:

- Prever
- Organizar
- Comandar
- Coordenar
- Controlar

Ainda como um de seus legados para a Administração, Henri Fayol apresentou os 14 princípios de administração:

- A divisão do trabalho
- A autoridade e a responsabilidade
- A disciplina
- A unidade de comando
- A unidade de direção
- A subordinação do interesse particular ao interesse geral
- A remuneração do pessoal
- A centralização
- A hierarquia
- A ordem
- A equidade
- A estabilidade do pessoal
- A iniciativa
- A união do pessoal

Cabe destacar que apesar de ter sido formulada em 1916, ainda hoje encontramos presente nos livros e no diaadia das organizações as funções da administração idealizadas por Fayol.

Para Maximiano (2005), a administração é o processo de tomar decisões sobre objetivos e utilização de recursos. O processo administrativo abrange cinco tipos principais de decisões, também chamadas processos ou funções, que são: planejamento, organização, liderança, execução e controle.

- Planejamento
- Organização
- Liderança
- Execução
- Controle

Quem tiver interesse em se aprofundar no estudo do processo de transformação da Ciência Administrativa pode pesquisar nas obras dos seguintes pesquisadores nacionais: Lodi (1976), Motta (1976), Kwasnicka (1987), Maximiano (2005), Silva (2002), Chiavenato (2004) e Shigunov Neto, Teixeira e Campos (2005), Oliveira (2008, 2012a 2012b).

A Administração é constituída por conhecimentos, teorias e pesquisas de diversas áreas de conhecimento que se compartilham e geram os conhecimentos sobre o funcionamento das organizações.

Algumas das áreas da Administração são:

- Administração Pública
- Administração de Sistemas de Informação
- Administração da Produção
- Administração de Marketing

- Administração de Material
- Administração Financeira
- Gestão de Pessoas
- Gestão de Serviços
- Gestão de Vendas
- Qualidade
- Logística
- Administração Estratégica, Estratégia ou Gestão Estratégica
- Administração de Projetos
- Gestão Ambiental

Até alguns anos atrás a área de Gestão Ambiental não fazia parte do rol de áreas da Administração somente recentemente começou a ser objeto de estudo de pesquisadores.

Para nossos estudos é importante compreender que para que as organizações funcionem, todas as áreas devem funcionar em sintonia e interligadas, sem isso, muito provavelmente, as organizações não conseguirão atingir seus resultados da melhor forma possível.

Um sistema é o conjunto de elementos interdependentes e interagentes que formam um todo organizado no sentido de atingir os objetivos organizacionais previamente estabelecidos.(Shigunov Neto, Dencker e Campos, 2006).

Para Maximiano (2005), um sistema é um todo complexo ou organizado; é um conjunto de partes ou elementos que formam um todo unitário ou complexo. Um conjunto de partes que interagem e funcionam como é um sistema.

Para facilitar a compreensão do que seja um sistema apresentamos alguns exemplos de sistemas que encontramos em nosso dia a dia:

- Sistema de produção
- Sistema de qualidade
- Sistema de transporte
- Sistema de informações
- Sistema nervoso
- Sistema respiratório
- Sistema circulatório
- Sistema de governo
- Sistema judiciário
- Sistema eleitoral

A Teoria dos Sistemas Gerais foi formulada e desenvolvida pelo economista Kenneth Boulding e pelo biólogo Ludwig Von Bertalanffy, que na década de 1950 formularam o conceito de sistemas. Na área da Administração a Teoria Geral dos Sistemas está inserida na abordagem sistêmica da Administração e trouxe diversas contribuições importantes, entre elas o conceito de sistema aberto.

Fique Ligado!

Kenneth Boulding (1910-1993) foi professor de Economia na Universidade de Edinburgo na Escócia. Autor da obra Análise Econômica. Em 1953 fundou a Sociedade para o Avanço dos Sistemas Gerais. (Caravantes, Panno e Kloeckner,2005,p,147)

Até o surgimento da Teoria Geral dos Sistemas os estudiosos da Administração consideravam que a organização era um sistema fechado, isolado de tudo. Ao considerarem a organização um sistema fechado e que não interagia com seu ambiente externo, supunham que seu comportamento e desempenho não eram influenciados pelo ambiente externo, apenas pelo seu ambiente interno.

Para Lodi (1976) a Teoria Geral dos Sistemas elaborou princípios gerais e objetivos gerais para qualquer ciência envolvida. Afirma ainda que, o aparecimento dessa teoria interdisciplinar é a prova do isomorfismo, similaridades estruturais, nas várias ciências. Para a teoria geral dos sistemas, todo organismo é um sistema aberto sujeito a influências de seu meio ambiente. Em relação à Administração, sua contribuição foi enriquecer com noções e conceitos importantes para explicar o funcionamento das empresas, tais como: totalidade, crescimento, diferenciação, controle, integração, informação, feedback, entropia, sistema, equifinalidade, homeostase, competição.

A teoria geral dos sistemas de Bertalanffy trouxe uma nova visão da organização e sua interação com seus ambientesinterno e externo, ficou comprovado cientificamente que as organizações são sistemas abertos e são influenciadas pelo ambiente externo, além é claro, de seu ambiente interno.

Fique Ligado!

A abordagem sistêmica da Administração surge no início da década de 1950 com o desenvolvimento de uma teoria interdisciplinar denominada de Teoria Geral dos Sistemas proposta pelo biólogo alemão Ludwig vonBertalanffy. A abordagem sistêmica é constituída pela integração das visões da administração onde predominam os fatores técnicos da Escola Clássica e os fatores humanos da Escola Comportamental. Propõe uma radical inversão nos princípios básicos até então aceitos, o reducionismo transformou-se em expansionismo, o pensamento analítico cedeu lugar ao pensamento sintético e o mecanicismo foi substituído pela teleologia. O objeto de estudo da abordagem sistêmica da Administração é o sistema. As pesquisas e estudos realizados por teóricos dessa linha teórica tentavam compreender como os sistemas organizacionais eram estruturados e quais as práticas administrativas eram necessárias para o bom funcionamento da organização. Osprincipaisteóricospertencentes a essa abordagem são: Ludwig von Bertalanffy; E.J. Miller; A.K. Rice; Daniel Katz, Robert I. Kahn; Fremont Kast, James Rosezweig, Norbert Wiener, Anthony Stafford Beer, C. West Churchman, Pierre de Latil, J.E. Rosenzweig, R.A. Rosenthal, Johann von neuman, Oskar Morgensten, Claude E. Shannon, Warren Eaver, Kenneth Boulding, Martin K. Starr, Walter B. Cannon, Charles Perrow, Water Buckley, Herbert G. Hicks, C. Ray Gullet.(ShigunovNeto, Dencker e Campos, 2006).

Para Chiavenato (2004), as organizações são sistemas abertos que interagem de forma dinâmica e complexa com seus ambientes. Para o autor, o ambiente organizacional pode ser dividido em dois grandes ambientes: o ambiente geral e o ambiente específico. O ambiente geral ou macroambiente é formado pelas condições ambientais, as condições tecnológicas, as condições sociais, as condições legais, as condições políticas, as condições culturais, as condições demográficas e as condições ecológicas. Já o ambiente específico ou microambiente ou ambiente de tarefa é formado pelos fornecedores, os clientes, os concorrentes e as agências reguladoras.

Também é possível encontrar outras denominações para os ambientes das organizações, alguns autores denominam de ambiente externo e ambiente interno das organizações.

O ambiente externo exerce influência ao longo do tempo, pois seus componentes não estão diretamente envolvidos nas operações diárias.

Já o ambiente interno é o mais próximo da organização e inclui setores que podem influenciar diretamente suas operações básicas e seu desempenho.

Como vimos, apesar de cada pesquisador apresentar suas variáveis e a forma de analisar os fatores que afetam direta e indiretamente as organizações é inegável que as organizações são afetadas por seu ambiente externo e as diversas variáveis que constituem tal ambiente externo.

Podemos estar nos questionando, qual o motivo de haver tanta preocupação com o ambiente externo?

O ambiente externo e suas diversas variáveis podem criar incertezas e prejudicar o desempenho das organizações.

Vimos que o ambiente externo e suas diversas variáveis podem prejudicar o desempenho das organizações na medida em que criam incertezas aos gestores de modo que os mesmos não terão dados e informações suficientes para tomar suas decisões.

Esta análise do ambiente interno e externo das organizações será importante para a compreensão dos demais capítulos do livro, ao tratarmos das pesquisas realizadas sobre gestão ambiental, planejamento estratégico e elaboração de projetos ambientais.

Finalizamos o primeiro tópico do primeiro capítulo, em que analisamos e compreendemos as origens e história da Administração, dessa forma podemos avançar para o próximo tópico os conceitos básicos do meio ambiente e da economia.

CONCLUINDO

A Administração é a área de conhecimento constituída pelas abordagens, teorias, práticas e modelos administrativos formulados, testados e implementados ao longo de sua recente história de vida, cem anos, que foram completados em 2006.

Existem várias definições de administração e do processo administrativo ou das funções da administração, mas o primeiro estudioso a formular as funções administrativas foi Henri Fayol.

O processo administrativo abrange cinco tipos principais de decisões, também chamadas processos ou funções: planejamento, organização, liderança, execução e controle.

Apesar de ter sido formulada em 1916, ainda hoje encontramos presente nos livros e no diaadia das organizações as funções da administração idealizadas por Fayol.

A compreensão das organizações enquanto sistemas abertos que interagem e são influenciados por seu ambiente interno e externo é fundamental para a elaboração das estratégias e do planejamento estratégico.

As organizações são constituídas de várias áreas e que devem funcionar em sintonia e interligadas, sem isso, muito provavelmente, as organizações não conseguirão atingir seus resultados da melhor forma possível.

Uma das áreas da Administração é a Gestão Ambiental e até alguns anos atrás a área de Gestão Ambiental não fazia parte do rol de áreas da Administração somente recentemente começou a ser objeto de estudo de pesquisadores.

Saiba Mais

Para obter mais informações sobre os conceitos das organizações e suas áreas, vale a pena pesquisar os seguintes livros:

CHIAVENATO, Idalberto. Administração nos novos tempos. 2.ed. Rio de Janeiro, Campus, 2004.

DAFT, Richard L. Administração. São Paulo, Cengage Learning, 2010.

MAXIMIANO, Antonio Cesar Amaru. Teoria Geral da Administração: da revolução urbana à revolução digital. 5.ed. São Paulo, Atlas, 2005.

OLIVEIRA, Djalma de Pinho Rebouças de. História da Administração: como entender as origens, as aplicações e as evoluções da Administração. São Paulo, Atlas, 2012b.

OLIVEIRA, Djalma de Pinho Rebouças de. Introdução à Administração: teoria e prática. São Paulo, Atlas, 2008.

OLIVEIRA, Djalma de Pinho Rebouças de. Teoria Geral da Administração: uma abordagem prática. 3.ed. São Paulo, Atlas, 2012a.

SHIGUNOV NETO, Alexandre; TEIXEIRA, Alexandre Andrade & CAMPOS, Letícia Mirella Fischer. Fundamentos da Ciência Administrativa. Rio de Janeiro, Ciência Moderna, 2005.

SILVA, Reinaldo Oliveira da. Teorias da Administração. São Paulo, Pioneira Thomson Learning, 2002.

SITES

Sobre Administração:

http://www.sobreadministracao.com/

Sobre Administração:

http://www.sobreadministracao.com/

Administradores - O Portal da Administração

http://www.administradores.com.br

Conselho Federal de Administração - CFA

http://www.cfa.org.br/

Portal Administração

http://www.portal-administracao.com/

1.2. MEIO AMBIENTE E ASPECTOS ECONÔMICOS

Você pode estar se questionando qual a relação entre meio ambiente e economia?

Sempre houve uma relação direta entre eles, mas com os problemas que a humanidade tem passado nas últimas décadas, problemas climáticos, falta de recursos naturais não renováveis essa relação se estreitou mais e ficou mais complexa.

No passado os homens usavam a exploração indiscriminadamente os recursos naturais para utilização no processo industrial.

O termo meio deriva do latim *mediu* e significa o lugar onde se vive. Já o termo ambiente deriva também do latim *ambiente* e denomina aquilo que cerca ou que envolve os seres vivos por todos os lados. Dessa forma, o termo meio ambiente pode ser definido como o lugar onde os seres vivos habitam. Esse habitat interage com os seres vivos e formam um conjunto harmonioso essencial para a existência da vida como um sistema. O meio ambiente pode ser classificado em quatro tipos: meio ambiente natural, meio ambiente cultural, meio ambiente artificial e meio ambiente do trabalho. Portanto, ao longo de nosso livro quando nos referirmos ao conceito de meio ambiente estará implícito essa definição. (Shigunov Neto, Campos e Shigunov, 2009),

A lei nº 6.938/81 que dispõe sobre a Política Nacional do Meio Ambiente, seus fins e mecanismo de formulação e aplicação define o meio ambiente como o conjunto de condições, leis, influências e interações de ordem física, química e biológica que permite, abriga e rege a vida em todas as suas formas.

A exploração do meio ambiente para a produção de mercadorias ocorre por meio da exploração dos recursos naturais. Entretanto, a maioria dos recursos naturais não é renovável, ou seja, é limitada. Motivo pelo qual deve haver a preocupação com a conservação do meio ambiente de forma a utilizar, mas não esgotar os recursos naturais existentes e vitais para a sobrevivência da humanidade(Shigunov Neto, Campos e Shigunov, 2009).

Os recursos naturais são classificados, segundo a noção de renovação, em dois tipos: renováveis e não renováveis. Esse conceito de renovação leva em consideração somente a questão temporal. Portanto, segundo essa classificação os recursos naturais são renováveis se puderem ser obtidos sem limitações, sem, contudo, correr o risco de se esgotarem em determinado momento. Já os recursos naturais não renováveis são aqueles limitados e que são objetos de extinção(Shigunov Neto, Campos e Shigunov, 2009).

A Revolução Industrial e o desenvolvimento industrial ocorridos nos séculos seguintes intensificaram a exploração industrial do meio ambiente e a visão equivocada de que os recursos naturais eram ilimitados. Com isso foi possível identificar que os problemas ambientais se intensificaram com o crescimento econômico.

Fique Ligado!

O modo de produção capitalista pode ser definido como a maneira que a sociedade produz as mercadorias que teoricamente satisfarão as necessidades dos homens naquele momento histórico. Portanto, é a maneira como a sociedade utilizando-se de instrumentos e técnicas disponíveis para produzir as mercadorias com o intuito de satisfazer suas necessidades. O capitalismo pode ser dividido em quatro fases distintas e complementares: 1) pré-capitalismo - séculos XII-XV; 2) capitalismo comercial - séculos XV-XVIII; 3) capitalismo industrial - séculos XVIII-XIX; 4) capitalismo financeiro - a partir do século XX. (Shigunov, Teixeira e Campos, 2005,p.89)

Fonte: http://www.bioplan.eco.br/valor-economico-para-o-meio-ambiente-valoracao-ambiental/

A teoria econômica é a ciência que tem por objeto a análise da atividade econômica dos homens e uma de suas áreas de conhecimento que se dedica ao estudo da aplicação da teoria econômica às questões do meio ambiente é denominada de Economia Ambiental.

Existem outros termos para denominar essa área da economia:

- Economia do Meio Ambiente
- Economia ecológica

Hoje cabe a economia ambiental, seus pesquisadores e a sociedade descobrir formas de minimizar o impacto causado pela transição de uma economia baseada no desenvolvimento predatório da natureza em um desenvolvimento sustentável.

Citação

> *A passagem de um modelo de desenvolvimento predatório a um sustentável que mantenha a harmonia com a natureza tem múltiplas implicações. Implica modificar nossa visão e relação com a natureza: esta não é somente uma fonte de matérias-primas, mas também é o ambiente necessário para a existência humana. Envolve um manejo racional dos recursos naturais e também modificar a organização produtiva e social que produz e reproduz a desigualdade e a pobreza, assim como as práticas produtivas predatórias e a criação de novas relações sociais, cujo eixo já não será a ânsia de lucro, mas o bemestar humano. (Dias, 2011,p.78)*

É possível formular o seguinte questionamento: É possível quebrar esse modelo de desenvolvimento baseado na destruição da natureza? Esse é um questionamento difícil de ser respondido.

Como proporcionar desenvolvimento econômico para a sociedade sem destruir o planeta?

Como as organizações podem obter lucro sem destruir a natureza?

Somente uma nova postura das organizações pode contribuir para uma nova fase de desenvolvimento que retire da natureza os recursos que precisa sem destruir.

É por isso que hoje se ouve falar muito em desenvolvimento sustentável. Faremos uma análise mais detalhada desse termo mais a frente.

É importante destacar que nas relações entre as atividades econômicas de consumo e de produção e o meio ambiente há três funções principais:

- O meio ambiente como fornecedor de insumos e de matérias-primas para o processo produtivo;
- O meio ambiente como fonte de recepção dos dejetos e efluentes do processo de produção;

- O meio ambiente como fornecedor das amenidades necessárias a sobrevivência das espécies animais e vegetais.

Vale lembrar como já foi comprovado que é possível ter um desenvolvimento econômico sem destruir o meio ambiente, é possível produzir os bens que a sociedade precisa e necessita para sua sobrevivência e bem-estar sem destruir nossas matas, sem poluir demais o ar que respiramos. Enfim, o desenvolvimento sustentável é possível e começa a ser levado mais a sério pela sociedade.

Finalizamos o segundo tópico do primeiro capítulo, em que analisamos e compreendemos a relação entre meio ambiente e os aspectos econômicos, dessa forma podemos avançar para o próximo tópico a origem e história da gestão ambiental.

Saiba Mais

Para obter mais informações sobre a relação entre meio ambiente e os aspectos econômicos vale a pena pesquisar os seguintes livros:

BARBIERI, José Carlos. Desenvolvimento e meio ambiente. 6.ed. Petrópolis, Vozes, 2003.

DIAS, Reinaldo. Sustentabilidade. São Paulo, Atlas, 2015.

KOHN, Ricardo. Ambiente e sustentabilidade: metodologias para gestão. Rio de Janeiro, LTC, 2015.

MAY, Peter H.Economia do meio ambiente. Rio de Janeiro, Campus, 2010.

MILLER, G. Tyler e SPOOLMAN, Scott E.Ecologia e sustentabilidade. São Paulo, Cengage Learning, 2012.

OLIVEIRA, JoséAntonioPuppim de.Empresas na sociedade - sustentabilidade e responsabilidade social. 2.ed. Rio de Janeiro, Campus, 2013.

PEREIRA, Adriana Camargo, SILVA, Gibson Zucca da e CARBONARI, Maria Elisa Ehrhardt. Sustentabilidade, responsabilidade social e meio ambiente. São Paulo, Saraiva, 2012.

ROSA, André Henrique, FRACETO, Leonardo F. e MOSCHINI-CARLOS, Viviane. Meio ambiente e sustentabilidade. Porto Alegre, Bookman, 2012.

SANTOS, Fernando Cesar Almada. Sustentabilidade - teoria e prática para uma gestão sustentável. São Paulo, Atlas, 2011.

SITES

Ambiente Brasil:

http://www.ambientebrasil.com.br/

Brasil sustentável

http://www.brasilsustentavel.org.br/

Envolverde Portal de Sustentabilidade do Brasil

http://www.envolverde.org.br/

CONSELHO ESTADUAL DO MEIO AMBIENTE - CEMA - Câmara Temática de Economia e Meio Ambiente

http://www.cema.pr.gov.br/modules/conteudo/conteudo.php?conteudo=97

1.3. ORIGEM E HISTÓRIA DA GESTÃO AMBIENTAL

O termo gestão ambiental é bastante abrangente. Ele é frequentemente usado para designar ações ambientais em determinados espaços geográficos, como gestão ambiental de bacias hidrográficas, gestão ambiental de parques e reservas florestais, gestão de áreas de proteção ambiental, gestão ambiental de reservas de biosfera e outras tantas modalidades de gestão que incluam aspectos ambientais.

A gestão ambiental empresarial está essencialmente voltada para organizações, ou seja, companhias, corporações, firmas, empresas ou instituições e pode ser definida como sendo um conjunto de políticas, programas e práticas administrativas e operacionais que levam em conta a proteção do meio ambiente por meio da eliminação ou minimização de impactos e danos ambientais decorrentes do planejamento, implantação, operação, ampliação, realocação ou desativação de empreendimentos ou atividades, incluindo-se todas as fases do ciclo de vida de um produto.

O termo gestão ou gerenciamento ambiental pode ser definido de diferentes maneiras e por diferentes pesquisadores.

Fonte: CST Gestão Ambiental Uninter

Jabbour e Jabbour (2013) apresentam quatro recentes eras da conscientização ambiental:

1. Primeira era - a conscientização ambiental iniciou-se em 1970, época em que foi realizada a primeira Conferência sobre meio ambiente, surgiram também as primeiras agências de regulação ambiental.
2. Segunda era - a década de 1980 marcou uma maior conscientização ambiental em função dos grandes acidentes ambientais e as primeiras evidências do aquecimento global.
3. Terceira era - ocorreu em meados da década de 1990. Surgiram termos como proatividade ambiental e perspectiva ambiental "ganha-ganha" e ecoeficiência. A perspectiva ambiental ganha-ganha-propõe que tanto o meio ambiente quanto as organizações beneficiam-se da gestão ambiental.
4. A quarta era da conscientização iniciou com o século XXI e posiciona a gestão ambiental como um dos principais objetivos das organizações e é marcada pela difusão de práticas e instrumentos de gestão ambiental.

Já para Shigunov Neto, Campos e Shigunov (2009) a gestão ambiental é constituída por cincofases ou momentos distintos e complementares, assim estruturados:

- Primeira Fase - Conscientização Ambiental - até 1971
- Segunda Fase - Controle da Poluição - década de 1970
- Terceira Fase - Prevenção Ambiental - década de 1980
- Quarta Fase - Gestão Ambiental - década de 1990
- Quinta Fase - Gestão Ambiental Estratégica - século XXI

Figura II - Fases da Gestão Ambiental

Fonte: Shigunov Neto, Campos e Shigunov (2009)

Essas fases da Gestão Ambiental se entrecruzam e em muitos momentos se confundem com as fases da legislação ambiental. Pois, ao mesmo tempo em que os órgãos públicos responsáveis pela proteção, conservação e preservação do meio ambiente formulavam e regulamentavam sobre questões ambientais, também as organizações precisavam acompanhar tais alterações e transformações.

Qual o motivo da gestão ambiental e seus conceitos estar em alta nas últimas décadas?

Uma das possíveis razões é o processo de mudança de visão e o rumo que a questão ambiental tem tomado e da preocupação da humanidade com os problemas ambientais.

Mas qual a relação entre as questões ambientais e as organizações e a produção industrial?

As questões ambientais são preocupação organizacional por estarem atreladas a produção de produtos e serviços.

Citação

A importância da gestão ambiental dentro das organizações é fruto da evolução histórica da preocupação com o meio ambiente, sua qualidade e sua capacidade de suportar a vida humana. Por isso, a relevância da gestão ambiental dentro das organizações reflete a preocupação da sociedade com o meio ambiente. Trata-se de um processo de influência mútua, uma vez que a sociedade pode se tornar mais ou menos preocupada em função da forma como as organizações melhoram ou pioram a qualidade do meio no qual vivemos. (Jabbour e Jabbour, 2013.p.6)

As organizações fornecem produtos e serviços de acordo com as expectativas da sociedade e dos clientes e das leis, essas expectativas e necessidades se alteram ao longo do tempo.

Isso significa que quanto mais ambientalmente conscientizada for a sociedade mais será exigida das organizações.

A gestão ambiental quando implantada nas organizações pode gerar vários benefícios.

Quanto mais evoluída,mais intensos e mais diversificados poderão ser os benefícios auferidos.

Vantagens da gestão ambiental:

- Benefícios internos
- Benefícios externos

ParaJabbour e Jabbour (2013), os benefícios internos e externos da gestão ambiental são:

- Melhoria do desempenho operacional
- Melhoria do potencial inovador
- Identificação de novas oportunidades de mercado
- Redução de custos operacionais
- Estabelecimento de novas parcerias
- Gestão de recursos humanos
- Geração de mídia espontânea
- Elevação da reputação corporativa
- Redução de risco de gestão
- Fontes de créditos e financiamento
- Antecipação e influência da regulamentação ambiental

O quadro a seguir apresenta um resumo com a definição de gestão ambiental de vários pesquisadores.

Quadro II - Definições de gestão ambiental

AUTOR	DEFINIÇÃO
Lanna (1995)	Gestão ambiental é o processo de articulação das ações dos diferentes agentes sociais que interagem em um dado espaço, visando garantir, com base em princípios e diretrizes previamente acordados/definidos, a adequação dos meios de exploração dos recursos ambientais/naturais, econômicos e socioculturais às especificidades do meio ambiente.
Reis (1996)	O gerenciamento ambiental é um conjunto de rotinas e procedimentos que permite a uma organização administrar adequadamente as relações entre suas atividades e o meio ambiente que as abriga, atentando para as expectativas das partes interessadas.

AUTOR	DEFINIÇÃO
Viterbo Junior (1998)	O foco da gestão ambiental é a empresa e não o meio ambiente. Somente através de melhorias em produtos, processos e serviços serão obtidas as reduções nos impactos ambientais por eles causados.
Andrade, Tachizawa e Carvalho (2004)	Entendem a gestão ambiental como algo mais amplo, como um processo e não como um mero conjunto de atividades finitas para produzir um documento ou plano e, portanto, um conceito mais bem aplicável às organizações em geral.
Philippi Jr., Roméro e Bruna (2004)	O processo de gestão ambiental inicia-se quando se promovem adaptações ou modificações no ambiente natural, de forma a adequá-lo às necessidades individuais ou coletivas, gerando dessa forma o ambiente urbano nas suas mais diversas variedades de conformação e escala.
Seiffert (2010)	Gestão ambiental dentro de um contexto organizacional não é somente uma forma de fazer com que as organizações evitem problemas com inadimplência legal e restrições ou riscos ambientais, como também uma forma de adicionar valor a elas.
Barbieri (2004)	São as diretrizes e as atividades administrativas e operacionais, tais como planejamento, direção, controle, alocação de recursos e outras realizadas com o objetivo de obter efeitos positivos sobre o meio ambiente, quer reduzindo ou eliminando danos ou problemas causados pelas ações humanas, quer evitando que elas surjam.
Shigunov Neto, Campos e Shigunov (2009)	Gestão ambiental é o conjunto de atividades da função gerencial que determinam a política ambiental, os objetivos, as responsabilidades e os colocam em prática por intermédio do sistema ambiental, do planejamento ambiental, do controle ambiental e da melhoria do gerenciamento ambiental. A gestão ambiental é o gerenciamento eficaz do relacionamento entre a organização e o meio ambiente.

AUTOR	DEFINIÇÃO
Dias (2011)	Gestão ambiental é a expressão utilizada para se denominar a gestão empresarial que se orienta para evitar, na medida do possível, problemas para o meio ambiente. Em outros termos, o objetivo da gestão é conseguir que os efeitos ambientais não ultrapassem a capacidade de carga do meio onde se encontra a organização, ou seja, obterum desenvolvimento sustentável.
Jabbour e Jabbour (2013)	A moderna gestão ambiental nas organizações é definida como a adoção de práticas gerenciais de planejamento e organização, de gestão operacional (em desenvolvimento de produtos e processos) e de comunicação que objetivam a melhoria da relação entre a organização e o meio ambiente, reduzindo impactos ambientais e aproveitando os benefícios associados à melhoria do desempenho ambiental.

Fonte: autoria própria

Citação

Cada vez mais, a gestão ambiental é considerada como componente de um processo mais amplo, que busca a sustentabilidade das organizações do ponto de vista econômico, social e ambiental, por meio da interação possível entre essas dimensões. Por isso, a principal tendência em gestão ambiental é não considerá-la como suficiente para alcançar a sustentabilidade. A gestão ambiental deve, por outro lado, relacionar-se a tendências que vêm provocando as organizações a buscarem novas formas e práticas de gestão. (Dias, 2011, p.93)

As principais tendências com implicações para a gestão ambiental são:

- Gestão da sustentabilidade organizacional
- Responsabilidade social organizacional
- Oito objetivos de desenvolvimento do milênio
- Estratégias para lidar com a mudança climática
- Princípios para uma educação gerencial responsável (PRME)

Finalizamos o terceiro tópico do primeiro capítulo, em que analisamos o processo de transformação da gestão ambiental ao longo dos anos, dessa forma podemos avançar para o próximo tópico os conceitos fundamentais do meio ambiente e da gestão ambiental.

CONCLUINDO

A gestão ambiental empresarial está essencialmente voltada para organizações, ou seja, companhias, corporações, firmas, empresas ou instituições e pode ser definida como sendo um conjunto de políticas, programas e práticas administrativas e operacionais que levam em conta a proteção do meio ambiente por meio da eliminação ou minimização de impactos e danos ambientais decorrentes do planejamento, implantação, operação, ampliação, realocação ou desativação de empreendimentos ou atividades, incluindo todas as fases do ciclo de vida de um produto.

Já para Shigunov Neto, Campos e Shigunov (2009), a gestão ambiental é constituída por cinco fases ou momentos distintos e complementares, assim estruturados:

- Primeira Fase - Conscientização Ambiental - até 1971
- Segunda Fase - Controle da Poluição - década de 1970
- Terceira Fase - Prevenção Ambiental - década de 1980
- Quarta Fase - Gestão Ambiental - década de 1990
- Quinta Fase - Gestão Ambiental Estratégica - século XXI

Após várias fases e significados o termo gestão ambiental evoluiu até se transformar em disciplina da área de Administração denominada de Gestão Ambiental, com conteúdos e conceitos práticos e úteis para a sociedade.

O termo gestão ou gerenciamento ambiental pode ser definido de diferentes maneiras e por diferentes pesquisadores.

Saiba Mais

Para obter mais informações sobre a origem e o processo de transformação da gestão ambiental vale a pena pesquisar os seguintes livros:

ADISSI, Paulo José; PINHEIRO, Francisco Alves e CARDOSO, Rosangela. Gestão ambiental de unidades produtivas. Rio de Janeiro, Campus, 2012.

AGRA FILHO, Severino Soares. Planejamento e gestão ambiental no Brasil. Rio de Janeiro, Campus, 2014.

ALBUQUERQUE, José de Lima. (Org.) Gestão ambiental e responsabilidade social: conceitos, ferramentas e aplicações. São Paulo, Atlas, 2009.

ALIGLERI, Lilian, ALIGLERI, Luiz Antonio e KRUGLIANSKAS, Isak. Gestão socioambiental: responsabilidade e sustentabilidade do negócio. São Paulo, Atlas, 2009.

BARBIERI, José Carlos. Gestão ambiental empresarial: conceitos, modelos e instrumentos. 3.ed. São Paulo, Saraiva, 2012.

DIAS, Reinaldo. Gestão ambiental – responsabilidade social e sustentabilidade. 2.ed. São Paulo, Atlas, 2011.

JABBOUR, Ana Beatriz Lopes de Sousa e JABBOUR, Charbel José Chiappeta. Gestão ambiental nas organizações: fundamentos e tendências. São Paulo, Atlas, 2013.

SEIFFERT, Mari Elizabete Bernardini. Gestão ambiental. 2.ed. São Paulo, Atlas, 2012.

SHIGUNOV NETO, Alexandre; CAMPOS, Lucila Maria de Souza e SHIGUNOV, Tatiana. Fundamentos da Gestão ambiental. Rio de Janeiro, Ciência Moderna, 2009.

SITES

Revista de Gestão Ambiental e Sustentabilidade - GeAS

http://www.revistageas.org.br/ojs/index.php/geas

Universo Ambiental

http://www.universoambiental.com.br/novo/artigos_ler.php?canal=6&canallocal=10&canalsub2=28&id=65

Instituto Brasileiro de Estudos Ambientais - IBEAS

http://www.ibeas.org.br/index.html

Ambiente Brasil

http://www.ambientebrasil.com.br/

Encontro Internacional sobre Gestão Empresarial e Meio Ambiente (ENGEMA)

http://www.engema.org.br

1.4. CONCEITOS FUNDAMENTAIS

Sustentabilidade, desenvolvimento ecologicamente equilibrado, desenvolvimento sustentado, desenvolvimento sustentável, ecodesenvolvimento são termos que significam a mesma coisa, que é a conciliação entre a necessidade de incentivar o desenvolvimento sócioeconômico com a necessidade de conservar e preservar o meio ambiente. Ou seja, é a possível utilização racional dos recursos naturais sem poluir e destruir o meio ambiente(Shigunov Neto, Campos e Shigunov, 2009).

O conceito de desenvolvimento sustentável é aquele que propõe que o desenvolvimento econômico de um país deve atender às necessidades presentes da sociedade, sem, entretanto, comprometer as futuras gerações. Portanto, esse conceito está fundamentado na ideia que é possível e necessário que o desenvolvimento econômico de um país ocorra sem a destruição do meio ambiente, ou seja, que exista um equilíbrio entre desenvolvimento econômico e meio ambiente(Shigunov Neto, Campos e Shigunov, 2009).

O termo ecodesenvolvimento surgiu em 1972 na conferência mundial das nações unidas para o meio ambiente na cidade de Estocolmo. A corrente dos ecodesenvolvimentistas contesta o uso dos recursos e defende que a eficiência no uso dos recursos naturais só pode ser atingida quando atender simultaneamente aos princípios do desenvolvimento sustentável, quais sejam, a eficiência econômica, a equidade distributiva e a prudência ecológica.

O conceito de desenvolvimento sustentável além de ser amplamente utilizado apresenta diversas interpretações.

Para Dias (2011), o conceito de desenvolvimento sustentável apesar de ser amplamente utilizado apresenta várias visões e interpretações, para alguns o crescimento econômico pode ser obtido através de um manejo mais racional dos recursos naturais, para outros o desenvolvimento sustentável é um projeto social e político destinado a erradicar a pobreza e elevar a qualidade de vida, para outros é a busca de compatibilizar o meio ambiente com crescimento econômico contínuo.

Os 3 eixos fundamentais do conceito de sustentabilidade são:

- Crescimento econômico
- Preservação ambiental
- Equilíbrio social

Esses três eixos fundamentais também são denominados de tripé da sustentabilidade. O termo tripé da sustentabilidade ou Triple BottonLine ou ainda os 3 P (*people* - pessoas; *planet* - planeta; *profit* - lucro) surgiu em 1997 com o livro de John Elkington.

O relatório Brundtland elaborado a partir da World Comissiono in EnvironmentandDevelopment (WCED) apresenta a mais conhecida e utilizada definição de desenvolvimento sustentável como sendo "o desenvolvimento sustentável é aquele que atende às necessidades das gerações presentes sem comprometer a possibilidade das gerações futuras atenderem suas próprias necessidades."

Citação

O relatório define as premissas do que seria o desenvolvimento sustentável, o qual contém dois conceitos-chave: primeiro, o conceito de "necessidades", particularmente aquelas que são essenciais à sobrevivência dos pobres e que devem ser prioridade na agenda de todos os países; segundo, o de que o estágio atingido pela tecnologia e pela organização social impõe limitações ao meio ambiente, que o impedem consequentemente de atender às necessidades presentes e futuras (Dias, 2011,p.36).

Somente a partir da Conferência Rio 92,ocorrida na cidade do Rio de Janeiro, em 1992, é que começa haver uma maior interação entre economia e meio ambiente junto ao empresariado.

Citação

A penetração do conceito de desenvolvimento sustentável no meio empresarial tem se pautado mais como um modo de empresas assumirem formas de gestão mais eficientes, com práticas identificadas com a ecoeficiência e a produção mais do que uma elevação do nível de consciência do empresariado em torno de uma perspectiva de um desenvolvimento econômico mais sustentável. Embora haja um crescimento perceptível da mobilização em torno da sustentabilidade, ela ainda está mais focada no ambiente interno das organizações, voltada prioritariamente para processos e produtos. É um grande avanço, sem dúvida nenhuma, tomando-se como marco o ano de 1992; mas ainda falta muito para que as empresas se tornem agentes de um desenvolvimento sustentável, socialmente justo, economicamente viável e ambientalmente correto(Dias, 2011,p.43).

O desenvolvimento sustentável nas organizações apresenta 3 dimensões:

- Econômica - as empresas precisam ser viáveis em termos de sustentabilidade;
- Social - é preciso proporcionar as melhores condições de trabalhos aos seus colaboradores nas organizações;
- Ambiental - visa a ecoeficiência.

Entre os conceitos mais discutidos pelas organizações empresariais nacionais e internacionais estão ecoeficiência e produção mais limpa.

O conceito de produção mais limpa surgiu em 1989 quando o Programa das Nações Unidas para o Meio Ambiente (PNUMA) introduziu o conceito para definir a aplicação contínua de uma estratégia ambiental preventiva e integral que envolve processos, produtos e serviços, de maneira que se previna ou reduzam os riscos de curto ou longo prazo para o ser humano e o meio ambiente.

Dias (2011), define produção mais limpa como uma estratégia ambiental, de caráter preventivo, aplicado a processos, produtos e serviços empresariais, que tem como objetivo a utilização eficiente dos recursos e a diminuição do seu impacto negativo no meio ambiente.

A produção mais limpa P + L é uma estratégia que visa prevenir a geração de poluição ao invés de controlar a poluição no final do processo.

A estratégia da P+L se completa com a adoção da ecoeficiência.

O conceito de ecoeficiência foi proposto inicialmente em 1922 por StepleArrSchmiddeiny que forneceu a base para o processo de desenvolvimento sustentável.

Citação

A ecoeficiência atinge-se através da oferta de bens e serviços a preços competitivos, que, por um lado, satisfaçam as necessidades humanas e contribuam para a qualidade de vida e, por outro lado, reduzam progressivamente o impacto ecológico e a intensidade de utilização de recursos ao longo do ciclo de vida, até atingirem um nível que, pelo menos, respeite a capacidade de sustentação estimada para o planeta terra.

Os objetivos implícitos nesse conceito são:

- Redução do consumo de recursos;
- Redução do impacto na natureza;
- Melhoria do valor do produto ou serviços.

Dias (2011), afirma que o WDCSD identificou 7 fatores para alcançar com êxito a ecoeficiência:

- Reduzir a intensidade de uso de materiais;
- Diminuir a demanda intensa de energia;
- Reduzir a dispersão de substâncias tóxicas;
- Incentivar a reciclagem dos materiais;
- Maximizar o uso sustentável dos recursos renováveis;
- Prolongar a vida útil dos produtos;
- Incrementar a intensidade de serviços.

O aumento da consciência ambiental no mundo empresarial está trazendo consigo um novo tipo de consumidor, denominado de consumidores verdes. A consciência ambiental produz um novo consumidor que por sua vez exige uma nova postura na área de marketing, que é denominado marketing verde ou marketing ecológico.

Este novo consumidor ecológico manifesta suas preocupações ambientais no seu comportamento de compra. As preocupações ambientais vêm assumindo gradativamente maior importância junto aos consumidores que passam a procurar produtos e serviços.

Os consumidores atualmente conscientes da importância da preservação da natureza impõem um novo marketing denominado de marketing verde, ecológico ou ambiental.

Citação

Com uma abrangência maior, podemos definir o marketing verde como um conjunto de políticas e estratégias de comunicação (promoção, publicidade e relações públicas, entre outras) destinadas a obter uma vantagem comparativa de diferenciação para os produtos ou serviços que a empresa oferece em relação às marcas concorrentes, conseguindo desse modo incrementar sua participação no mercado, consolidando seu posicionamento competitivo (Dias, 2011, p.161).

Para Dias (2011), o marketing ecológico apresenta os seguintes conceitos implícitos:

- Baseia-se num processo de gestão ambiental;
- É o responsável pela identificação, antecipação e satisfação das demandas dos clientes;
- É o responsável perante a sociedade, à medida que garante que o processo produtivo seja rentável e sustentável.

Citação

O marketing verde não pode ser considerado somente um conjunto de técnicas voltadas para projetar e comercializar produtos que não prejudiquem o meio ambienteé também uma forma de articular as relações entre o consumidor, a empresa e o meio ambiente. Assim, ao se adotar uma filosofia de marketing ecológico, deve-se ter em mente essa concepção macro do processo, onde a compreensão da importância da preservação do meio ambiente esteja impregnada em toda a organização incluindo o comportamento cotidiano das pessoas que a integram(Dias, 2011, p.162).

Finalizamos o quarto tópico, do primeiro capítulo, em que analisamos os conceitos fundamentais da gestão ambiental, dessa forma podemos avançar para o último tópico a responsabilidade social e empresarial e o meio ambiente.

Saiba Mais

Para obter mais informações sobre os conceitos fundamentais da área de gestão ambiental vale a pena pesquisar os seguintes livros:

ADISSI, Paulo José; PINHEIRO, Francisco Alves e CARDOSO, Rosangela. Gestão ambiental de unidades produtivas. Rio de Janeiro, Campus, 2012.

AGRA FILHO, Severino Soares. Planejamento e gestão ambiental no Brasil. Rio de Janeiro, Campus, 2014.

ALBUQUERQUE, José de Lima. (Org.) Gestão ambiental e responsabilidade social: conceitos, ferramentas e aplicações. São Paulo, Atlas, 2009

ALIGLERI, Lilian, ALIGLERI, Luiz Antonio e KRUGLIANSKAS, Isak. Gestão socioambiental: responsabilidade e sustentabilidade do negócio. São Paulo, Atlas, 2009.

BARBIERI, José Carlos. Gestão ambiental empresarial: conceitos, modelos e instrumentos. 3.ed. São Paulo, Saraiva, 2012.

DIAS, Reinaldo. Gestão ambiental - responsabilidade social e sustentabilidade. 2.ed. São Paulo, Atlas, 2011.

JABBOUR, Ana Beatriz Lopes de Sousa e JABBOUR, Charbel José Chiappeta. Gestão ambiental nas organizações: fundamentos e tendências. São Paulo, Atlas, 2013.

LANNA, A. E. L. Gerenciamento de bacia hidrográfica: aspectos conceituais e metodológicos. Brasília: Instituto Brasileiro do Meio Ambiente e dos Recursos Naturais Renováveis, 1995. 171 p.

SEIFFERT, Mari Elizabete Bernardini. Gestão ambiental. 2.ed. São Paulo, Atlas, 2012.

SHIGUNOV NETO, Alexandre; CAMPOS, Lucila Maria de Souza e SHIGUNOV, Tatiana. Fundamentos da Gestão ambiental. Rio de Janeiro, Ciência Moderna, 2009.

SITES

Ministério do Meio Ambiente

http://www.mma.gov.br/

WWF-Brasil

http://www.wwf.org.br/natureza_brasileira/questoes_ambientais/desenvolvimento_sustentavel/

Conferência das Nações Unidas sobre Desenvolvimento Sustentável, a Rio+20

http://www.rio20.gov.br/clientes/rio20/rio20/sobre_a_rio_mais_20/desenvolvimento-sustentavel.html

Programa das Nações Unidas para o Desenvolvimento (PNUD)

http://www.pnud.org.br/ods.aspx

Fundação Brasileira para o Desenvolvimento Sustentável (FBDS)

http://www.fbds.org.br/

Agenda 21

http://www.mma.gov.br/responsabilidade-socioambiental/agenda-21

Associação Brasileira de Normas Técnicas

http://www.abnt.org.br/

Instituto Ethos

http://www3.ethos.org.br/conteudo/gestao/responsabilidade-social-interna/#.VifaNVKFPAU

Rumo Sustentável

http://www.rumosustentavel.com.br/

1.5. RESPONSABILIDADE SOCIAL E EMPRESARIAL E O MEIO AMBIENTE

Você já ouviu falar em Responsabilidade Social ou Responsabilidade Social Empresarial?

São termos relativamente recentes, mas que têm sido amplamente discutidos no meio empresarial e acadêmico.

Apesar de, atualmente, a Responsabilidade Social Empresarial (RSE) ou Responsabilidade Social Corporativa (RSC) ser uma expressão comum, mas é uma expressão pouco compreendida e não existe um consenso em relação a sua definição

Para Dias (2001), o conceito de Responsabilidade Social Empresarial (RSE) possibilita e promove um comportamento empresarial que integra elementos sociais e ambientais que não necessariamente estão contidos na legislação, mas que atendem às expectativas da sociedade em relação à empresa.

A responsabilidade social das organizações ainda é um conceito novo e gradativamente vem ganhando novos adeptos no mundo empresarial.

Citação

Praticar a responsabilidade social empresarial requer atenção a múltiplas exigências nas relações de parceria entre clientes e fornecedores, na produção de qualidade, contribuições para o desenvolvimento da comunidade, investimentos em pesquisa tecnológica, preservação do meio ambiente, redução de ações predatórias, participação dos trabalhadores nos resultados organizacionais, qualificação profissional, respeito ao cidadão, etc. Ao praticar uma conduta ética e socialmente responsável, a organização conquista o respeito das pessoas e das comunidades que atinge, engajado seus colaboradores e preferência dos consumidores (Dias, 2011,p.132).

As iniciativas em questões de RSE vão muito além da obrigação de cumprir a legislação em matéria ambiental e social.

Em 2003 foi apresentado o conceito de Responsabilidade Social na Conferência das Nações Unidas para o Comércio e o Desenvolvimento - UNCTAD como sendo "A responsabilidade social da empresa vai além da filantropia. Na maioria das definições se descreve como as medidas constitutivas pelas quais as empresas integram preocupação da sociedade em suas políticas e operações comerciais, em particular, preocupações ambientais, econômicas e sociais. A observância da lei é o requisito mínimo queas empresas deverão cumprir".

O Conselho Empresarial Mundial para o Desenvolvimento Sustentável que ocorreu em Johannesburgo em 2002, na Cúpula Mundial de Desenvolvimento Sustentável, define responsabilidade social empresarial "o compromisso da empresa de contribuir ao desenvolvimento econômico sustentável, trabalhando com os empregados, suas famílias, a comunidade local e a sociedade em geral para melhorar sua qualidade de vida". O conceito de RSE implica um novo papel da empresa dentro da sociedade. Por isso que a responsabilidade social se concretiza no respeito aos direitos humanos, na melhoria da qualidade de vida da comunidade e da sociedade e preservação do meio ambiente.

Para Dias (2011), como a Responsabilidade Social Empresarial exige uma nova concepção de empresa, significa que a atividade econômica não deve e não pode se focar unicamente na lógica de resultados financeiros, mas deve ir além e ter também como foco o bem comum da sociedade.

A gestão social que visa evidenciar a responsabilidade social aplicada nas organizações está relacionada a:

- Funcionários
- Consumidores
- Consumidor local

- Sociedade
- Fornecedores
- Poder público

Com a análise da responsabilidade social e empresarial e o meio ambiente finalizamos o primeiro capítulo do livro e podemos avançar para o segundo, que tratará do planejamento estratégico e sua importância para a elaboração de projetos ambientais e sociais.

REFERÊNCIAS DO CAPÍTULO

ADISSI, Paulo José; PINHEIRO, Francisco Alves e CARDOSO, Rosangela. Gestão ambiental de unidades produtivas. Rio de Janeiro, Campus, 2012.

AGRA FILHO, Severino Soares. Planejamento e gestão ambiental no Brasil. Rio de Janeiro, Campus, 2014.

ALBUQUERQUE, José de Lima. (Org.) Gestão ambiental e responsabilidade social: conceitos, ferramentas e aplicações. São Paulo, Atlas, 2009

ALIGLERI, Lilian, ALIGLERI, Luiz Antonio e KRUGLIANSKAS, Isak. Gestão socioambiental: responsabilidade e sustentabilidade do negócio. São Paulo, Atlas, 2009.

ANDRADE, Rui Otavio Bernardes de. Gestão socioambiental. 2.ed. Rio de Janeiro, Campus, 2011.

ANDRADE, Rui Otávio Bernardes de; TACHIZAWA, Takechy e CARVALHO, Ana Barreiros de. Gestão ambiental: enfoque estratégico aplicado ao desenvolvimento sustentável. 2.ed. São Paulo, Markon Books, 2002.

BARBIERI, José Carlos. Desenvolvimento e meio ambiente. 6.ed. Petrópolis, Vozes, 2003.

BARBIERI, José Carlos. Gestão ambiental empresarial: conceitos, modelos e instrumentos. 3.ed. São Paulo, Saraiva, 2012.

BARROS, Ricardo Luiz Peixoto de. Gestão ambiental empresarial. Rio de Janeiro, FGV, 2013.

BRAGA, Benedito, HESPANHOL, Ivanildo e CONEJO, João G. Lotufo. Introdução à engenharia ambiental. 2.ed. São Paulo, Pearson/Prentice Hall, 2005.

CAMPOS, Lucila Maria de Souza e LERIPIO, Alexandre de Avila. Auditoria ambiental - uma ferramenta de gestão. São Paulo, Atlas, 2009.

CUNHA, Davi Gasparini Fernandes e CALIJURI, Maria do Carmo. Engenharia ambiental - conceitos, tecnologia e gestão. Rio de Janeiro, Campus, 2012.

DIAS, Reinaldo. Gestão ambiental - responsabilidade social e sustentabilidade. 2.ed. São Paulo, Atlas, 2011.

DIAS, Reinaldo. Responsabilidade social: fundamentos e gestão. São Paulo, Atlas, 2012.

DIAS, Reinaldo. Sustentabilidade. São Paulo, Atlas, 2015.

DONAIRE, Denis. Gestão ambiental na empresa. 2.ed. São Paulo, Atlas, 1999.

FIELD, Barry C. e FIELD, Martha K. Introdução à economia do meio ambiente. 6.ed.Rio de Janeiro, McGraw Hill do Brasil, 2014.

GOMES, Sônia Maria da Silva e GARCIA, Cláudio Osnei.Controladoria ambiental - gestão social, análise e controle. Paulo, Atlas, 2013

JABBOUR, Ana Beatriz Lopes de Sousa e JABBOUR, Charbel José Chiappeta. Gestão ambiental nas organizações: fundamentos e tendências. São Paulo, Atlas, 2013

KOHN, Ricardo. Ambiente e sustentabilidade: metodologias para gestão. Rio de Janeiro, LTC, 2015.

MAY, Peter H.Economia do meio ambiente. Rio de Janeiro, Campus, 2010.

MIHELCIC, James R. e ZIMMERMAN, Julie Beth. Engenharia ambiental - fundamentos, sustentabilidade e projeto. Rio de Janeiro, LTC, 2012.

MILLER, G. Tyler e SPOOLMAN, Scott E.Ecologia e sustentabilidade. São Paulo, Cengage Learning, 2012.

OLIVEIRA, Jose AntonioPuppim de.Empresas na sociedade - sustentabilidade e responsabilidade social. 2.ed. Rio de Janeiro, Campus, 2013.

PEREIRA, Adriana Camargo, SILVA, Gibson Zucca da e CARBONARI, Maria Elisa Ehrhardt. Sustentabilidade, responsabilidade social e meio ambiente. São Paulo, Saraiva, 2012.

PHILIPPI Jr., Arlindo, ROMÉRO, Marcelo de Andrade e BRUNA, Gilda Collet.Curso de gestão ambiental. 2.ed. São Paulo, Manole, 2013.

PHILIPPI Jr., Arlindo, ROMÉRO, Marcelo de Andrade e BRUNA, Gilda Collet. Curso de gestão ambiental. 2.ed. Barueri, Manole, 2013.

PHILIPPI Jr., ArlindoeMALHEIROS, Tadeu Fabricio.Indicadores de sustentabilidade e gestão ambiental. São Paulo, Manole, 2012.

ROSA, André Henrique, FRACETO, Leonardo F. e MOSCHINI-CARLOS, Viviane. Meio ambiente e sustentabilidade. Porto Alegre, Bookman, 2012.

SANTOS, Fernando Cesar Almada. Sustentabilidade - teoria e prática para uma gestão sustentável. São Paulo, Atlas, 2011.

SEIFFERT, Mari Elizabete Bernardini. Gestão ambiental. 2.ed. São Paulo, Atlas, 2012.

SEIFFERT, Mari Elizabete Bernardini. ISO 14001 - Sistema de gestão ambiental. 4.ed. São Paulo, Atlas, 2011.

SEIFFERT, Mari Elizabete Bernardini. Sistemas de gestão ambiental - SGA ISSO 14001 - melhoria contínua e produção mais limpa na prática e experiências de 24 empresas. São Paulo, Atlas, 2011a.

SHIGUNOV NETO, Alexandre; CAMPOS, Lucila Maria de Souza e SHIGUNOV, Tatiana. Fundamentos da Gestão ambiental. Rio de Janeiro, Ciência Moderna, 2009.

TACHIZAWA, Takeshy. Gestão ambiental e responsabilidade social corporativa: estratégias de negócios focadas na realidade brasileira. 7.ed. São Paulo, Atlas, 2011.

VESILIND, P. Aarne e MORGAN, Susan M. Introdução à engenharia ambiental. São Paulo, Cengage Learning, 2010.

VILELA JÚNIOR, Alcir e DEMAJOROVIC, Jacques. Modelos e ferramentas de gestão ambiental - desafios e perspectivas para as organizações. 3.ed. São Paulo, Senac, 2013.

VITERBO JÙNIOR, Ênio. Sistema integrado de gestão ambiental: como implementar um sistema de gestão que atenda à norma ISO 14001, a partir de um sistema baseado na norma ISO 9000. 2.ed. São Paulo, Aquariana, 2000.

Capítulo II

PLANEJAMENTO ESTRATÉGICO

OBJETIVOS DE APRENDIZAGEM

Os objetivos de aprendizagem nesse capítulo são:

- Apresentar os conceitos de planejamento estratégico;
- Compreender o conceito e importância do planejamento estratégico;
- Compreender o ciclo do planejamento.

PLANO DE ESTUDO

A seguir, apresentam-se os tópicos que você estudará nesta unidade:

- Conceitos básicos;
- Ciclo do planejamento;
- Diagnóstico.

Neste segundo capítulo serão apresentados os conceitos de planejamento estratégico, a implementação da estratégica e o ciclo do planejamento.

O objetivo desse capítulo será apresentar os conceitos básicos do planejamento estratégico e de como implementá-lo nas organizações.

Com o intuito de alcançar os objetivos deste capítulo estruturou-se o mesmo da seguinte forma:

2.1. Conceitos básicos;

2.2. Ciclo do planejamento;

2.3. Diagnóstico.

A preocupação com questões sobre a saúde financeira, a sobrevivência e a concorrência das organizações não é nova, pois remonta ao surgimento da economia moderna, do modo de produção capitalista e também da Revolução Industrial no início do século XIX. Momento este que em alguns países industrializados as organizações começaram a utilizar técnicas de administração e gestão na condução das organizações. Entretanto, a temática da Administração Estratégica e do Planejamento Estratégico, enquanto preocupação da academia e área de conhecimento específica da Administração surgiu apenas no final da década de 1960, praticamente 100 anos após o surgimento das organizações modernas.

O planejamento estratégico tornou-se objeto de estudo de pesquisadores internacionais a partir do final da década de 1960, entretanto, foi a partir de meados da década de 1980 que tomou significativo impulso. Entre os estudiosos que discutem sobre o tema, destacam-se: Aaker (2007), Ansoff (1990), Barney e Heterly (2008), Bateman e Snell (1996),Chandler Jr. (1962),Certo e Peter (2010), Ference e Thurman (2012), Henderson (1991),Hoskisson, Hit, Ireland e Harrison (2010), Johnson, Scholes e Whittington (2010),Miller e Snow (1978), Mintzberg (1983), Mintzberg, Ahslstrand e Lampel (2010),Mintzberg, Lampel, Quinn e Ghoshal (2006),Montgomery e Porter (2004), Porter (1985, 2004, 2005 e 2005a), Thompson Jr., Strickland e Gamble (2008).

No caso específico do Brasil a Administração Estratégia e o Planejamento Estratégico tornaram-se objeto de estudo de pesquisadores nacionais a partir do final da década de 1990, entre os principais pesquisadores destacam-se: Almeida (2010), Andrade (2012), Bethlem (2009),Bertero (2006), Certo, Peter, Marcondes e Roux (2010), Chiavenato e Sapiro (2009), Fischmann e Almeida (2014), Lobato, Moysés Filho, Torres e Rodrigues (2009), Matias-Pereira (2011), Müller (2014), Oliveira (2012, 2013 e 2014), Pereira (2010), Vizeu e Gonçalves (2010), Vasconcelos (2007) e Vasconcelos e Pagnoncelli (2001).

Não se preocupe que vamos nos aprofundar e lhe explicar nesse capítulo do livro mais detalhadamente os conceitos de Estratégia e Planejamento Estratégico e de sua importância para a sobrevivência das organizações. Tais conhecimentos são importantes para você, futuro profissional, que atuará nas organizações.

O objetivo desse capítulo é o de analisar e apresentar, de forma clara e objetiva, o planejamento estratégicos Ou seja, quando nos referimos ao conceito de fundamentos entendemos que seja tudo aquilo que fundamenta, que proporciona o suporte teórico e metodológico para a Administração Estratégica, enquanto área de conhecimento da Administração.

Para atingir os objetivos propostos estruturou-se o presente capítulo em duas partes complementares. Num primeiro momento far-se-á a apresentação e análise da origem e história da administração, os conceitos fundamentais do planejamento estratégico, o diagnóstico, a descrição dos recursos.

2.1. Conceitos Básicos

2.2. Ciclo do planejamento

2.3. Diagnóstico

2.1. CONCEITOS BÁSICOS

Neste segundo tópico serão apresentados os conceitos básicos e indispensáveis para a compreensão do planejamento estratégico.

O termo planejamento deriva da palavra *plano,* que tem origem do latim *planu* e siginifica o processo que leva ao estabelecimento de um conjunto coordenado de ações visando a consecução de determinados objetivos.

A prática administrativa é composta por cinco funções: a organização, o planejamento, a direção, o controle e a avaliação, que estão interligados e se complementam. Essa prática é contínua, dinâmica e cíclica.

O planejamento é a primeira função da prática administrativa considerada essencial, pois é o momento em que o Administrador de base das informações necessárias e fundamentais pode traçar as estratégias e objetivos a serem alcançados.

A função de planejamento visa estabelecer objetivos e planos de ação para a realização dos objetivos estabelecidos.

Esses objetivos são estabelecidos visando o sucesso organizacional.

O que a maioria dos pesquisadores chama de planejamento estratégico Certo, Peter, Marcondes e Cesar (2012) denominam de processo de administração estratégico que é uma série de etapas que são repetidas ciclicamente:

- Análise do ambiente;
- Estabelecimento das diretrizes operacionais;
- Formulação da estratégia;
- Implementação da estratégia;
- Controle da estratégia.

Figura IX - O processo do planejamento estratégico

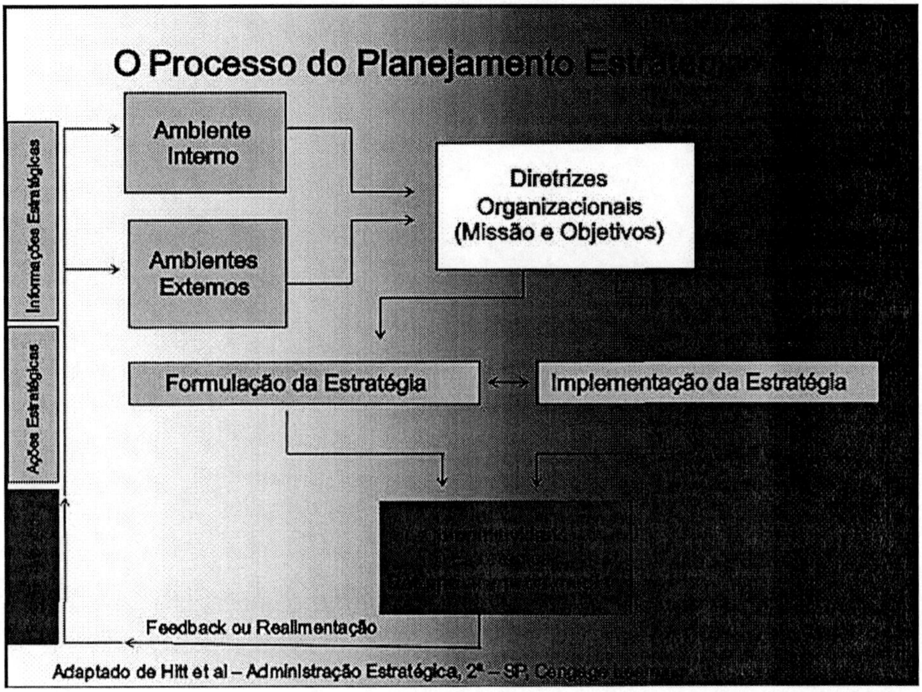

Fonte:http://slideplayer.com.br/slide/338810/

Já Oliveira (2014), considera que existe uma certa dificuldade em definir a função do planejamento nas empresas. Entretanto, é possível afirmar que o planejamento é um processo e que não pode ser confundido com previsão, projeção, predição, resolução de problemas e plano.

O planejamento pode ser conceituado como um processo, no entanto, não pode ser confundido com previsão, projeção, predição, resolução de problemas e planos.

Citação

Além disso, o planejamento estratégico corresponde ao estabelecimento de um conjunto de providências a serem tomadas pelo executivo para a situação em que o futuro tende a ser diferente do passado; entretanto, a empresa tem condições e meios de agir sobre as variáveis e fatores, de modo que possa exercer alguma influência; o planejamento é, ainda, um processo contínuo, um exercício mental que é executado pela empresa, independentemente de vontade específica de seus executivos, sendo essa a razão de algumas empresas não terem um processo de planejamento estruturado, mas mesmo assim, apresenta algumas ações "planejadas" (Oliveira, 2014, p.04).

O planejamento estratégico pressupõe a necessidade de uma tomada de decisão de quais estratégias devem ser adotadas para que a organização alcance a situação futura desejada.

Com isso é possível afirmar que toda atividade de planejamento que é uma atividade de previsão de como as organizações pretendem estar no futuro deve ter como resultados decisões para problemas e atuação no presente.

Citação

O propósito do planejamento pode ser definido como o desenvolvimento de processos, técnicas e atitudes administrativas, as quais proporcionam uma situação viável de avaliar as implicações futuras de decisões presentes em função dos objetivos empresariais que facilitarão a tomada de decisão no futuro, de modo mais rápido, coerente, eficiente e eficaz. Dentro desse raciocínio, pode-se afirmar que o exercício sistemático do planejamento tende a reduzir a incerteza envolvida no processo decisório e, consequentemente, provocar o aumento da probabilidade de alcance dos objetivos, desafios e metas estabelecidas para a empresa (Oliveira, 2014, p.05).

O planejamento estratégico é considerado um processo desenvolvido para que a organização alcance uma situação futura desejada e de forma eficiente. Ou seja, o planejamento é um processo de estabelecer estado futuro desejado e definição dos meios para que o mesmo se torne real.

PLANEJAMENTO → INCERTEZAS → DECISÃO

Como podemos observar, o planejamento estratégico é uma ferramenta que possibilita ao Administrador, diante das incertezas do ambiente externo, elaborar estratégias para tomar decisões que conduzirão a organização ao alcance de seus objetivos futuros.

Há vários fatores e condicionantes que interferem no desempenho das empresas e o planejamento estratégico é o principal instrumento para resolver esse problema

Citação

> *A atividade de planejamento é complexa em decorrência de sua própria natureza, qual seja a de um processo contínuo de pensamento sobre o futuro, desenvolvido mediante a determinação de estados futuros desejados e a avaliação de cursos de ação alternativa a serem seguidas para que tais estados sejam alcançados, sendo que tudo isso implica em um processo decisório permanente e de qualidade, acionado dentro de um contexto ambiental - externo e não controlável – interdependente e mutável. (Oliveira, 2014, p.05)*

O planejamento estratégico não funciona da mesma forma nas empresas, pois há uma grande quantidade de variáveis nas empresas em função das pressões ambientais externas e internas.

Oliveira (2014) apresenta alguns aspectos que caracterizam o planejamento como um processo contínuo:

- O planejamento não diz respeito a decisões futuras, mas implicações futuras de decisões presentes;
- O planejamento não é um ato isolado;
- O processo de planejamento é muito mais importante que seu resultado final.

Oliveira (2014) afirma que o planejamento precisa respeitar princípios para que os resultados de sua operacionalização sejam os desejados e divide os princípios em gerais e específicos.

1. Os princípios gerais do planejamento são:
2. O princípio da contribuição aos objetivos;
3. O princípio da precedência do planejamento;
4. O princípio das maiores influências e abrangências;
5. O princípio das maiores eficiências, eficácias e efetividades.

Os princípios específicos do planejamento são:

- Planejamento participativo;
- Planejamento coordenado;
- Planejamento integrado;
- Planejamento permanente.

Já compreendemos que o planejamento estratégico é um processo contínuo composto por várias etapas.

Citação

> *O planejamento é um processo contínuo que envolve um conjunto complexo de decisões inter-relacionadas que podem ser separadas de formas diferentes. (Oliveira, 2014, p.14)*

Além de ser um processo contínuo composto por várias etapas o planejamento estratégico pode atuar na estrutura da organização e em seus níveis organizacionais. Em relação aos níveis organizacionais há três tipos de planejamento em relação aos níveis hierárquicos:

- Planejamento estratégico;
- Planejamento tático;
- Planejamento operacional.

Citação

> *De forma resumida, o planejamento estratégico relaciona-se com objetivos de longo prazo e com estratégias e ações para alcançá-los que afetam a empresa como um todo, enquanto o planejamento tático relaciona-se a objetivos de mais curto prazo e com estratégias e ações que, geralmente, afetam somente parte da empresa (Oliveira, 2014, p.16).*

Assim, o planejamento em uma organização pode ser visto de três perspectivas diferentes: planejamento estratégico, tático e operacional - que podem ser observados na Figura X.

Há uma correlação entre os tipos de planejamento e os níveis de decisão da organização.

É importante destacar que os tipos de planejamento devem estar integrados para que a organização alcance seus objetivos, de forma isolada eles não funcionam.

Figura X - Hierarquia do planejamento

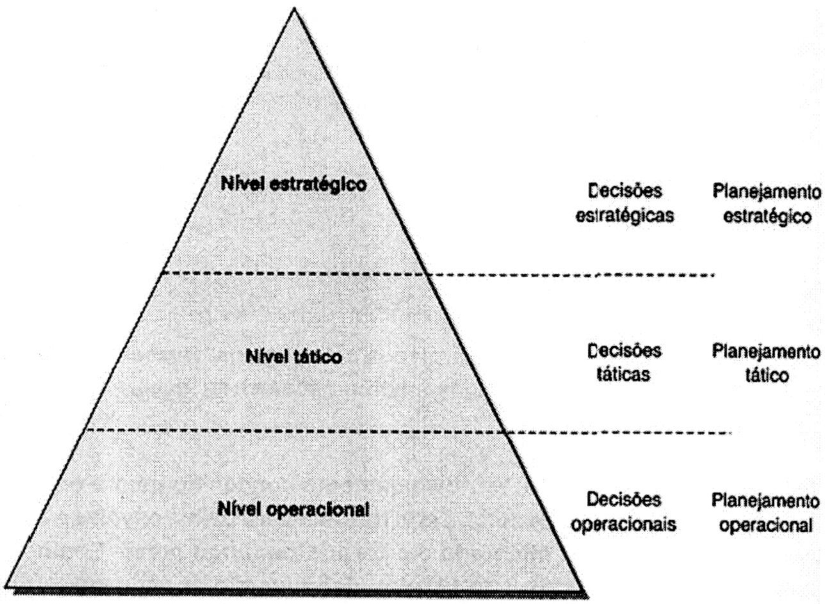

Fonte:(Chiavenato e Sapiro, 2003)

Quadro 3 - Tipos e níveis de planejamento nas empresas

Tipo de planejamento	Nível estratégico
Planejamento de marketing	**Nível tático**
Plano de preços Planejamento de produtos e serviços Plano e estratégias de promoção Plano e estratégias de vendas Plano e estratégias de distribuição Plano e estratégias de pesquisa de mercado	Nível operacional

Tipo de planejamento	Nível estratégico
Planejamento de marketing	**Nível tático**
Planejamento financeiro Plano de despesas Plano orçamentário Plano de compras Plano de recursos Plano de compras Plano de fluxo de caixa	Nível tático
Planejamento de produção Plano da capacidade de produção Plano decontrole de estoques Plano de utilização de mão-de-obra Plano de projeto do produto e do processo Plano de arranjo físico de instalações Plano de previsão da demanda Plano de programação e controle da produção	Nível tático
Planejamento de recursos humanos Plano de recrutamento e seleção Plano de treinamento Plano de cargos e salários Plano de promoções Plano de capacitações	Nível tático

Tipo de planejamento	Nível estratégico
Planejamento de marketing	**Nível tático**
Plano de segurança e higiene no trabalho Plano de qualidade de vida no trabalho Plano de avaliação de desempenho	
Planejamento organizacional Plano estratégico Plano diretor de sistemas Plano de estrutura organizacional Plano de rotinas administrativas Plano de informações gerenciais Plano de comunicações	Nível tático
Planejamento de qualidade Plano de gerenciamento da qualidade Plano de controle da qualidade Plano de treinamento da qualidade Plano de melhoria da qualidade	Nível tático
Planejamento logístico Plano de estoques Plano de armazenamento de materiais Plano de distribuição física Plano de previsão de vendas Plano de custos de estoques	Nível tático

Tipo de planejamento	Nível estratégico
Planejamento de marketing	**Nível tático**
Plano de movimentação de materiais Plano de distribuição	
Planejamento ambiental Plano de gerenciamento ambiental Plano de treinamento ambiental Plano de controle ambiental Plano de melhoria ambiental	Nível tático

Fonte: Adaptado de Oliveira (2014).

O planejamento estratégico é desenvolvido essencialmente em função do ambiente externo onde está inserida a organização, também chamado de ambiente competitivo. É um processo administrativo que visa estabelecer um futuro desejado para a organização e providenciar os meios para realização deste futuro. Este futuro desejado normalmente exige mudanças de atuação da organização. As mudanças necessárias são discriminadas em termos de objetivos estratégicos ou de mudança.

O planejamento estratégico deve sempre considerar a organização como um todo.

Citação

Planejamento estratégico é o processo administrativo que proporciona sustentação metodológica para se estabelecer a melhor direção a ser seguida pela empresa, visando ao otimizado grau de interação com os fatores externos – não controláveis – e atuando de forma inovadora e diferenciada.

Planejamento estratégico é o processo administrativo que proporciona sustentação metodológica para se estabelecer a melhor direção a ser seguida pela empresa, visando ao otimizado grau de interação com os fatores externos – não controláveis – e atuando de forma inovadora e diferenciada.

O planejamento estratégico é, normalmente, de responsabilidade dos níveis mais altos da empresa e diz respeito tanto à formulação de objetivos quanto à seleção dos cursos de ação – estratégias – a serem seguidos para sua consolidação, levando em conta as condições externas e internas da empresa e sua evolução esperada. Também considera as premissas básicas – políticas – que a empresa, como um todo, deve respeitar para que o processo estratégico tenha coerência e sustentação decisória (Oliveira, 2014, p.17-18).

O planejamento estratégico normalmente é de responsabilidade da alta administração da organização e visa estabelecer as estratégias a serem seguidas pela organização.

Já o planejamento tático, administrativo ou gerencial tem a função de estabelecer estratégias setoriais ou funcionais e elaborar planos de ação para a realização dos objetivos propostos pelo planejamento estratégico. Além disso, ainda planeja as rotinas necessárias à realização dos objetivos permanentes da organização, constantes em sua missão.

Citação

Planejamento tático é a metodologia administrativa que tem por finalidade otimizar determinada área de resultado e não a empresa como um todo. Portanto, trabalha com decomposições dos objetivos, estratégias e políticas estabelecidas no planejamento estratégico(Oliveira, 2014, p.19).

O planejamento tático é desenvolvido nos níveis organizacionais intermediários da organização.

Por fim, o planejamento operacional, além da programação das atividades rotineiras da organização, tem a função de planejar a realização dos planos de ação necessários para a realização dos objetivos estratégicos.

Citação

Planejamento operacional é a formalização, principalmente através de documentos escritos, das metodologias de desenvolvimento e implementação de resultados específicos a serem alcançados pelas áreas funcionais da empresa(Oliveira, 2014, p.19-20).

O planejamento operacional corresponde a um conjunto de partes homogêneas do planejamento tático.

- Cada planejamento operacional deve conter com detalhe:
- Recursos necessários para o desenvolvimento e implantação;
- Procedimentos básicos a serem adotados;
- Resultados finais esperados;
- Prazos estabelecidos;
- Responsáveis pela execução e implantação.

Quadro IV - Diferenças entre os tipos de planejamento

Discriminação	Planejamento estratégico	Planejamento tático	Planejamento operacional
Prazo	Mais longo	Médio	Mais curto
Amplitude	Mais ampla	Mais restrita	Mais restrita
Riscos	Maiores	Menores	Menores
Atividades	Fins e meios	Meios	Meios
Flexibilidade	Menor	Menor	Maior

Fonte: Adaptado de Oliveira (2014).

Os tipos de planejamento devem estar integrados para que a organização alcance seus objetivos, de forma isolada eles não funcionam.

Ao considerar que o planejamento estratégico trata de toda a empresa diante de seu ambiente externo e interno também é possível afirmar que o planejamento estratégico é um sistema.

Oliveira (2004) considera que o planejamento estratégico é um sistema, pois tem um conjunto de partes que interagem e são interdependentes, que devem interagir para atuar sobre os diversos fatores controláveis e não controláveis pela empresa na busca de seus objetivos.

Para Oliveira (2014) o planejamento estratégico deverá apresentar os seguintes resultados finais:

- Direcionamento dos esforços para os resultados comuns, que sejam do interesse de todos os envolvidos no processo estratégico da empresa;
- Consolidação do entendimento, por todos os funcionários, da visão, dos valores, da missão, dos propósitos, das macroestratégias, das micropolíticas, da postura estratégica, dos objetivos gerais, dos objetivos funcionais, dos desafios, das metas, das estratégias, das políticas e dos projetos da empresa, bem como indicar a elaboração do

programa de atividades das várias unidades ou áreas que integram a estrutura organizacional;

- Estabelecimento de uma agenda de trabalho por um período de tempo que permita a empresa trabalhar levando em conta as prioridades estabelecidas e as exceções justificadas.

Para Oliveira (2014), as fases básicas para elaboração e implementação do planejamento estratégico são:

- Diagnóstico estratégico;
- Missão da empresa;
- Instrumentos prescritivos e quantitativos;
- Controle e avaliação.

Finalizamos o primeiro tópico do capítulo com a análise do planejamento estratégico, seus conceitos e importância para a organização. Na continuidade do capítulo sobre o planejamento estratégico iremos analisar as etapas do processo de administração estratégica ou planejamento estratégico.

CONCLUINDO

A função de planejamento visa estabelecer objetivos e planos de ação para a realização dos objetivos estabelecidos, visando o sucesso organizacional.

O que a maioria dos pesquisadores chama de planejamento estratégico Certo, Peter, Marcondes e Cesar (2012) denominam processo de administração estratégico que é uma série de etapas que são repetidas ciclicamente.

O planejamento é um processo de estabelecer estado futuro desejado e definição dos meios para que o mesmo se torne real.

Há vários fatores e condicionantes que interferem no desempenho das empresas e o planejamento estratégico é o principal instrumento para resolver esse problema.

Em relação aos níveis organizacionais há três tipos de planejamento em relação aos níveis hierárquicos:

- Planejamento estratégico;
- Planejamento tático;
- Planejamento operacional.

Os tipos de planejamento devem estar integrados para que a organização alcance seus objetivos, de forma isolada eles não funcionam.

Saiba Mais

Para obter mais informações sobre o planejamento estratégico vale a pena pesquisar os seguintes livros:

ALMEIDA, Martinho Isnard Ribeiro de. Manual de planejamento estratégico. 3.ed. São Paulo, Atlas, 2010.

ANDRADE, Arnaldo Rosa de. Planejamento estratégico. São Paulo, Atlas, 2012.

CERTO, Samuel; PETER, J.P.; MARCONDES, Reynaldo Cavalheiro e CESAR, Ana Maria Roux. Administração estratégica: planejamento e implantação de estratégias. 3.ed. São Paulo, Pearson, 2012.

CHIAVENATO, Idalberto e SAPIRO, Arao. Planejamento estratégico. 2.ed. Rio de Janeiro, Campus, 2009.

FISCHMANN, Adalberto A. e ALMEIDA, Martinho Isnard Ribeiro de. Planejamento estratégico na prática. 2.ed. São Paulo, Atlas, 2014.

LOBATO, David Menezes; MOYSÉS FILHO, Jamil; TORRES, Maria Cândida Sotelino e RODRIGUES, Murilo Ramos Alambert. Estratégia de empresas. 9.ed. Rio de Janeiro, Editora FGV, 2009.

MÜLLER, Cláudio José. Planejamento estratégico, indicadores e processos. São Paulo, Atlas, 2014.

OLIVEIRA, Djalma de Pinho Rebouças de. Planejamento estratégico - conceitos, metodologia e práticas. 31.ed. São Paulo, Atlas, 2014.

PEREIRA, Maurício Fernandes. Planejamento estratégico: teorias, modelos e processos. São Paulo, Atlas, 2010.

2.2. CICLO DO PLANEJAMENTO

Antes de definirmos o que entendemos por ciclo do planejamento é preciso compreender o significado de ciclo.

Um ciclo é um período de tempo durante o qual ocorre e se completa, com regularidade, um acontecimento ou um fato, ou uma sequência de acontecimentos ou fatos.

Essa definição é importante, pois nos apresenta os elementos de um ciclo:

- Período de tempo;
- Regular;
- Sequência de fenômenos;
- Tem início e fim.

Agora que já compreendeu o significado de ciclo, o que você entende por ciclo do planejamento?

O ciclo do planejamento estratégico são as etapas a serem seguidas para que a organização consiga alcançar seus objetivos.

Com isso podemos concluir que o ciclo do planejamento é uma sequência de etapas que ocorre durante determinado período de tempo com início e fim determinados que visa atingir determinado objetivo.

É importante destacar que cada pesquisador que se dedica ao estudo da estratégia e do planejamento estratégico apresenta uma metodologia diferente de como elaborar e implementar estratégias nas organizações. Mas é possível afirmar que existem elementos comuns e que de forma geral não há como fugir muito de uma estrutura básica para elaborar e implementar o planejamento estratégico.

Para Lobato, Moysés Filho, Torres e Rodrigues (2009) a metodologia base da gestão estratégica competitiva é constituída pelas seguintes etapas:

- Definição do negócio;
- Declaração de visão, missão e valores;
- Análise do ambiente interno;
- Formulação da estratégia competitiva e definição da cadeia de valor;
- Implantação e controle.

Já para Müller (2014), a estruturação do planejamento estratégico ocorre com as seguintes fases:

- Identidade organizacional;
- Análise do ambiente;
- Delineamento das estratégias;
- Gerenciamento de processos (GP);
- Avaliação de desempenho (AD).

Certo, Peter, Marcondes e Cesar (2012), afirmam que o processo de administração estratégica é contínuo e se inicia fora da organização, com a análise do ambiente externo e depois retorna para dentro com a análise do ambiente interno. E por ser dividido em etapas e ser contínuo e cíclico o processo de administração estratégica segue uma sequência de etapas e ao final das cinco etapas é feito o feedback para analisar o processo como um todo, efazer os ajustes necessários, e se inicia novamente.

Figura XI – Principais etapas do processo de administração estratégica

Fonte: Certo, Peter, Marcondes e Cesar (2012).

Certo, Peter, Marcondes e Cesar (2012), o conceito de administração estratégica está estreitamente relacionado com o cumprimento de uma série de etapas, que são denominadas de etapas básicas da administração estratégica:

- Análise do ambiente – esta etapa consiste em analisar seu ambiente interno e externo;
- Estabelecimento das diretrizes operacionais – etapa em que o gestor deve elaborar as diretrizes organizacionais que são fornecidas principalmente por sua missão e objetivos;
- Formulação da estratégia – esta etapa consiste na elaboração das estratégias da organização;
- Implementação da estratégia – a implementação é a fase de colocar em prática a estratégia elaborada;
- Controle da estratégia – o controle é a fase de verificar se o que foi planejado e implementado foi executado da melhor forma.

O planejamento estratégico possui 3 dimensões operacionais:

- Delineamento;
- Elaboração;
- Implementação.

O delineamento compreende a estruturação do processo de planejamento estratégico, cabe aos executivos escolher a estrutura metodológica e o profissional que o auxiliará.

A elaboração inclui a definição das oportunidades e ameaças no ambiente da empresa e a adoção de estimativas de risco para alternativas estabelecidas.Já aimplementação, envolve os assuntos organizacionais.

Para Oliveira (2014), o planejamento estratégico possui cinco aspectos de atuação:

- O que a empresa pode fazer em termos do ambiente externo, onde estão os fatores não controláveis pela empresa;
- O que a empresa é capaz de fazer em termos de conhecimento, capacidade e competência;
- O que a alta administração da empresa quer fazer, consideradas as expectativas pessoais e das equipes;
- O que a empresa deve fazer, consideradas as restrições sociais e éticas.

As fases básicas para elaboração e implementação do planejamento estratégico são:

- Diagnóstico estratégico;
- Missão da empresa;
- Instrumentos prescritivos e quantitativos;
- Controle e avaliação.

A fase de diagnóstico do processo de elaboração e implementação do planejamento estratégico será tratada como um tópico exclusivo por ser fundamental ao sucesso do planejamento. Um diagnóstico equivocado acarretará consequências para a organização.

A segunda fase do processode elaboração e implementação do planejamento estratégico é a missão da empresa. Nesta etapa deve ser estabelecida a razão de ser da empresa.

Esta fase pode ser dividida em cinco etapas:

1. Estabelecimento da missão da empresa;
2. Estabelecimento dos propósitos atuais e potenciais;
3. Estruturação e debate dos cenários;
4. Estabelecimento e postura estratégica;
5. Estabelecimento das macroestratégias e macropolíticas.

A segunda etapa do modelo de administração estratégica de Certo, Peter, Marcondes e Cesar (2012) é o estabelecimento das diretrizes operacionais - etapa em que o gestor deve elaborar as diretrizes organizacionais que são fornecidas principalmente por sua missão e objetivos.

Há duas importantes variáveis que normalmente são usadas pela administração para estabelecer as diretrizes operacionais:

- a missão; e
- os objetivos organizacionais.

Com certeza todos vocês já ouviram falar em missão da organização.

Mas o que vem a ser a missão da organização?

A missão é o propósito de existência da organização.

Citação

Missão organizacional é uma declaração da razão pela qual a organização existe. Em geral, a missão apresenta informações como os tipos de produto ou serviço que elaoferece, quem são seus clientes e que valores importantes possui. A missão é uma declaração muito ampla de diretriz organizacional(Certo, Peter, Marcondes e Cesar, 2012, p.55-56).

É importante destacar que a missão da organização deve ser definida em termos de satisfazer a necessidade do ambiente externo. Dentro da missão deve ser estabelecido os propósitos da empresa e se estabelecer os propósitos atuais e potenciais.

Citação

Missão é a determinação do motivo central da existência da empresa, ou seja, a determinação de "quem a empresa atende" com seus produtos e serviços. Corresponde a um horizonte dentro do qual a empresa atua ou poderá atuar. Portanto, a missão representa a razão de ser da empresa(Oliveira, 2014, p.50).

A missão deve representar aquilo que a organização realmente pretende ser, seus propósitos e não apenas um amontoado de palavras sem sentido prático e que não correspondem a realidade da organização.

As perguntas básicas a serem respondidas na elaboração da missão da organização:

- Aonde se quer chegar com a empresa?
- Quais as necessidades e expectativas do mercado que a empresa pretende atender?

A missão da empresa é a forma de traduzir os valores e crenças em termos de negócios.

Um questionamento possível? É possível alterar a missão da empresa?

A resposta é sim. Mas a alteração da missão pode provocar consequências positivas e negativas na estrutura organizacional e na gestão.

A declaração da visão da organização deve ser sintética e de fácil compreensão de todos.

Segundo Lobato, Moysés Filho, Torres e Rodrigues (2009), na definição da missão da organização é preciso responder a cinco perguntas básicas:

- Qual o negócio da organização?
- Quem é o seu cliente?
- Qual o escopo da organização?
- Qual a sua vantagem competitiva?
- Qual a sua contribuição social?

Vejamos alguns exemplos de missão de organizações que conhecemos.

A Caixa Econômica Federal é uma empresa pública vinculada ao Ministério da Fazenda criada em 1861 e opera como um banco público. A missão da Caixa Econômica Federal é:

- Atuar na promoção da cidadania e do desenvolvimento sustentável do País, como instituição financeira, agente de políticas públicas e parceira estratégica do Estado brasileiro.

- Promover a capacitação científica e profissional da população interessada, por meio da educação de qualidade, com a utilização de modelos, métodos e técnicas inovadoras, capazes de democratizar o acesso e de maximizar os resultados de forma sustentável - tanto de aprendizagem quanto de docência - visando a otimização das relações de investimentos e de benefícios sociais.

A Johnson & Johnson do Brasil é uma indústria que na produção de produtos para a saúde, e tem como lema "Promovendo a saúde e o bemestar das pessoas", tem como missão:

- Ser uma companhia de saúde, higiene e beleza quecresce acima do mercado através de superior satisfaçãodo consumidor e dos clientes.

A VALE,uma das maiores mineradoras do mundo tem como missão:

- Transformar recursos naturais em prosperidade e desenvolvimento sustentável.

Já a Nestlé Brasil, um dos maiores grupos da área de alimentação, com atuação em vários países espalhados em vários continentes, apresenta como missão:

- Oferecer ao consumidor brasileiro produtos reconhecidamente líderes em qualidade e valor nutritivo, que contribuam para uma alimentação mais saudável e agradável, gerando sempre oportunidades de negócios para a empresa e valor compartilhado com a sociedade brasileira.

Por fim, temos a missão da Microsoft:

- Ajudar pessoas, empresas e parceiros a atingirem todo o seu potencial. "A gente inova, você transforma". Essa é a nova assinatura da Microsoft.

Depois desses exemplos de grandes organizações e a definição de suas missões é possível afirmar que há uma infinidade de informações que podem estar contidas em uma declaração de missão, contudo, alguns itens são básicos e fundamentais, tais como:

- Produto ou serviço ofertado pela organização;
- Mercado em que atua ou pretende atuar;
- Tecnologia que utiliza;
- Objetivos da organização;
- Filosofia da organização;
- Imagem pública da organização.

Para finalizarmos nossa análise da missão é preciso compreender a importância da mesma para o sucesso organizacional.

Quando a missão organizacional é formalmente expressa, facilita a compreensão sobre quais os rumos a serem seguidos pela organização.

Para Certo, Peter, Marcondes e Cesar (2012), a definição da missão da organização é importante, pois:

- Ajuda a concentrar esforços em uma direção comum;
- Ajuda a evitar que a organização persiga propósitos conflitantes;
- Serve de base para a alocação de recursos organizacionais;
- Estabelece áreas amplas de responsabilidade por tarefas na organização;
- Atua como base para o desenvolvimento de objetivos organizacionais.

A missão define o papel que a organização desempenha para seus clientes e partes interessadas relevantes.

Lobato, Moysés Filho, Torres e Rodrigues (2009) afirmam que, além da missão da organização, também a definição de valores da organização são fundamentais para direcionarem as estratégias organizacionais. Os valores da organização são definidos como crenças a serem seguidas pela organização na tomada de decisões.

Citação

Os valores ou princípios ou credos podem ser entendidos como ideais a serem seguidos e, por isso, muitas vezes, incluem frases e conceitos que nem sempre são passíveis de ser cumpridos. No entanto, essa circunstância não faz com que os valores fiquem sem validade, pois é muito melhor ter uma lista dos ideais a serem seguidos do que não nortear a organização com crenças básicas (Lobato, Moysés Filho, Torres e Rodrigues, 2009,p.71).

Aproveitando o exemplo das organizações anteriormente, iremos apresentar alguns exemplos de valores de organizações.

- Os valores da Caixa Econômica Federal são:
- Nosso trabalho é importante para a sociedade;
- Temos orgulho de trabalhar na Caixa;
- Juntos podemos mais;
- Nossas atividades são pautadas pela ética;
- Respeitamos as ideias, as opções e as diferenças de toda a sociedade;
- A liderança se faz pelo exemplo;
- Somos inovadores no que fazemos.
- Satisfação dos clientes, colaboradores e fornecedores;
- Gerenciamento participativo;
- Padrões éticos;
- Iniciativa;
- Ambiente;
- Responsabilidade social.

Os valores da Vale são:

- A vida em primeiro lugar;
- Valorizar quem faz a nossa empresa;

- Cuidar do nosso planeta;
- Agir de forma correta;
- Crescer e evoluir juntos;
- Fazer acontecer.

Os Valores da Nestlé são:

- Pessoas em primeiro lugar;
- Qualidade de nossos produtos e serviços;
- Segurança é inegociável;
- Respeito para todos, dentro e fora da empresa;Responsabilidade em toda decisão;
- Paixão pelo que fazemos.

Os Valores da Microsoft são:

- Valorizamos a integridade, a honestidade, o crescimento pessoal contínuo, a abertura e o respeito mútuo. Somos comprometidos com nossos clientes e parceiros e temos paixão por tecnologia. Temos disposição de sobra para assumir desafios e levá-los até o fim. Estamos completamente comprometidos com nossos clientes, acionistas, parceiros e funcionários. Honramos nossos compromissos, entregamos resultados e buscamos a mais alta qualidade em tudo o que fazemos.

Por fim, chegamos à análise da quarta fase básica para elaboração e implementação do planejamento estratégico que são os instrumentos prescritivos e quantitativos.

Nessa fase deve-se estabelecer questões básicas de "aonde se quer chegar" e de "como chegar à situação que se deseja". Essa fase pode ser dividida em 2 instrumentos – prescritivos e qualitativos

Os instrumentos prescritivos do planejamento estratégico são aqueles que fornecem as orientações do que deve ser feito pela organização.

Citação

Os instrumentos prescritivos do processo de planejamento estratégico proporcionam a explicitação do que deve ser feito pela empresa para que se direcione ao alcance dos propósitos estabelecidos dentro de sua missão, de acordo com sua postura estratégica, respeitando as macropolíticas e os valores da empresa, bem como as ações estabelecidas pelas macroestratégicas; e direcionando para a visão estabelecida, ou seja, o que a empresa quer ser(Oliveira, 2014,p.52-53).

O tratamento dos instrumentos prescritivos pode ser realizado por meio de determinadas etapas:

- Estabelecimento de objetivos, desafios e metas;
- Estabelecimento de estratégias e políticas;
- Estabelecimento dos projetos e planos de ação.

Já os instrumentos quantitativos consistem nas projeções econômico-financeiras do planejamento orçamentário, devidamente associados à estrutura organizacional da empresa, necessários ao desenvolvimento dos projetos, programas, planos de ação e atividades previstas.

Nesta etapa são analisados os recursos necessários e as expectativas de retorno para alcançar os objetivos, desafios e metas.

Os instrumentos quantitativos são representados basicamente pelo planejamento orçamentário.

A quinta e última fase, denominada de controle e avaliação, permite verificar como uma empresa está em relação à situação desejada. Elaverifica se as atividades planejadas e executadas estão de acordo e no rumo certo.

Para Oliveira (2014), a função "controle e avaliação"envolve processos de:

- Estabelecimento e análise de indicadores de desempenho;
- Avaliação de desempenho dos profissionais envolvidos no processo;
- Comparação do desempenho real com os objetivos, desafios, metas, projetos e planos de ação estabelecidos;
- Análise dos desvios dos objetivos, desafios, metas e projetos estabelecidos;
- Tomada de ações corretivas provocadas pela análise;
- Acompanhamento para avaliar a eficiência e eficácia da ação;
- Adição de informações ao processo de controle e avaliação.

Na fase de controle e avaliação devem ser analisados os critérios e parâmetros de controle e avaliação.

O controle e avaliação devem ocorrer continuamente e ao longo de todo o planejamento estratégico.

Com essa análise do controle e avaliação finalizamos o segundo tópico do capítulo referente à análise do ciclo do planejamento. Na continuidade do capítulo sobre o planejamento estratégico iremos analisar odiagnóstico organizacional e sua importância para o planejamento estratégico e desempenho organizacional.

CONCLUINDO

O ciclo do planejamento estratégico são as etapas a serem seguidas para que a organização consiga alcançar seus objetivos.

Cada pesquisador que se dedica ao estudo da estratégia e do planejamento estratégico apresenta uma metodologia diferente de como elaborar e implementar estratégias nas organizações. Mas é possível afirmar que existem elementos comuns e que, de forma geral, não tem como fugir muito de uma estrutura básica para elaborar e implementar o planejamento estratégico.

Certo, Peter, Marcondes e Cesar (2012), o conceito de administração estratégica está estreitamente relacionado com o cumprimento de uma série de etapas, que são denominadas as etapas básicas da administração estratégica:

- Análise do ambiente - esta etapa consiste em analisar seu ambiente interno e externo;
- Estabelecimento das diretrizes operacionais - etapa em que o gestor deve elaborar as diretrizes organizacionais que são fornecidos principalmente por sua missão e objetivos;
- Formulação da estratégia - esta etapa consiste na elaboração das estratégias da organização;
- Implementação da estratégia - a implementação é a fase de colocar em prática a estratégia elaborada;
- Controle da estratégia - o controle é a fase de verificar se o que foi planejado e implementado foi executado da melhor forma.

Para Oliveira (2014), as fases básicas para elaboração e implementação do planejamento estratégico são:

- Diagnóstico estratégico
- Missão da empresa
- Instrumentos prescritivos e quantitativos
- Controle e avaliação

Saiba Mais

Para obter mais informações sobre o planejamento estratégico vale a pena pesquisar os seguintes livros:

ALMEIDA, Martinho Isnard Ribeiro de. Manual de planejamento estratégico. 3.ed. São Paulo, Atlas, 2010.

ANDRADE, Arnaldo Rosa de. Planejamento estratégico. São Paulo, Atlas, 2012.

CERTO, Samuel; PETER, J.P.; MARCONDES, Reynaldo Cavalheiro e CESAR, Ana Maria Roux. Administração estratégica: planejamento e implantação de estratégias. 3.ed. São Paulo, Pearson, 2012.

CHIAVENATO, Idalberto e SAPIRO, Arao. Planejamento estratégico. 2.ed. Rio de Janeiro, Campus, 2009.

FISCHMANN, Adalberto A. e ALMEIDA, Martinho Isnard Ribeiro de. Planejamento estratégico na prática. 2.ed. São Paulo, Atlas, 2014.

LOBATO, David Menezes; MOYSÉS FILHO, Jamil; TORRES, Maria Cândida Sotelino e RODRIGUES, Murilo Ramos Alambert. Estratégia de empresas. 9.ed. Rio de Janeiro, Editora FGV, 2009.

MÜLLER, Cláudio José. Planejamento estratégico, indicadores e processos. São Paulo, Atlas, 2014.

OLIVEIRA, Djalma de Pinho Rebouças de. Planejamento estratégico - conceitos, metodologia e práticas. 31.ed. São Paulo, Atlas, 2014.

PEREIRA, Maurício Fernandes. Planejamento estratégico: teorias, modelos e processos. São Paulo, Atlas, 2010.

2.3. DIAGNÓSTICO ESTRATÉGICO

Essa fase também é denominada de auditoria de posição e tem como objetivo determinar "como a empresa está".

Nessa fase há análise e verificação dos aspectos inerentes às realidades externa e interna da empresa.

A primeira etapa do processo de administração estratégica proposto por Certo, Peter, Marcondes e Cesar (2012) é a análise do ambiente - esta etapa consiste em analisar osambientes interno e externo.

Citação

> *A análise ambiental é o processo de monitoramento do ambiente organizacional para identificar as oportunidades e os riscos atuais e futuros que possam influenciar a capacidade da empresa de atingir seus objetivos. Para efeito de análise, esse ambiente é dividido em três níveis: ambiente interno (constituído pelos aspectos organizacional, de marketing, financeiro, de pessoal e de produção), ambiente operacional (constituído pelos componentes cliente, concorrência, mão de obra, fornecedor e questão internacional) e ambiente geral (constituído pelos componentes econômico, social, político, legal e tecnológico). (Certo, Peter, Marcondes e Cesar, 2012, p.47)*

A primeira etapa do processo de administração estratégica é a análise do ambiente, visa que a administração possa reagir adequadamente e aumentar o sucesso organizacional.

A importância de realizar a análise do ambiente está relacionada ao fato das organizações serem sistemas abertos e receberem influência de seu ambiente externo e concorrentes. Se uma empresa não realizar de forma adequada e eficiente a análise ambiental provavelmente não terá condições de se sustentar no mercado em que atua.

Citação

> *Embora os procedimentos utilizados na análise do ambiente se diferenciem muito de organização para organização, muitas a realizam pela mesma razão: em geral, o propósito é avaliar o ambiente organizacional de modo que a administração possa reagir adequadamente e intensificar o sucesso organizacional(Certo, Peter, Marcondes e Cesar, 2012, p.28).*

Para a realização da análise do ambiente da organização é preciso primeiramente compreender como o ambiente organizacional está estruturado.

Figura XII – A Organização, os Níveis Ambientais e seus Componentes

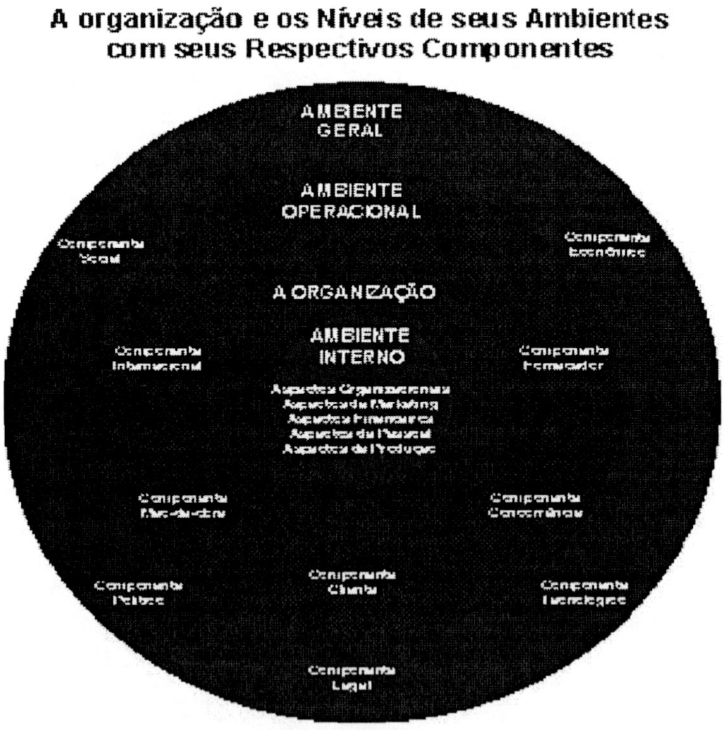

Fonte: Certo, Peter, Marcondes e Cesar (2012).

A análise de Certo, Peter, Marcondes e Cesar (2012), classifica o ambiente organizacional em três tipos de ambientes, diferentemente do que ocorre com amaioria dos pesquisadores que classifica em ambiente interno e ambiente externo:

- Ambiente Geral;
- Ambiente Operacional;
- Ambiente interno.

Para Certo, Peter, Marcondes e Cesar (2012), o ambiente geral é um nível de ambiente externo à organização formado por componentes que normalmente têm amplo escopo e sobre o qual a organização não tem nenhum controle:

- Componente econômico - indica como os recursos são distribuídos e usados no ambiente, compõem esse componente: o produto interno bruto (PIB), lucros do setor econômico, inflação, produtividade dos setores econômicos, desemprego, taxas de juros, impostos e tributos, despesas e dívida pública;
- Componente social - está relacionado com as características da sociedade na qual a organização está inserida, compõem esse componente: níveis educacionais da população, costumes, crenças, estilo de vida, idade, distribuição geográfica;
- Componente político - indica os elementos relacionados a decisões governamentais e políticas, compõem esse componente: estilo de governo, as políticas públicas, o interesse de grupos políticos, aprovação de leis;
- Componente legal - está relacionado com a legislação aprovada;
- Componente tecnológico - indica os elementos que podem ser utilizados na produção de mercadorias e serviços, como procedimentos e equipamentos novos.

Ainda segundo Certo, Peter, Marcondes e Cesar (2012), o ambiente operacional é um nível organizacional externo composto por elementos que podem influenciar de forma específica e imediata na organização e são divididos em:

- Componente cliente - o componente cliente define as características e comportamentos dos compradores de produtos e serviços da organização;
- Componente concorrência - o componente concorrência consiste na organização em compreender seus pontos fortes e fracos em relação a seus concorrentes;
- Componente mãodeobra - o componente mãodeobra é constituído de fatores que influenciam a disponibilidade de mãodeobra para realização das tarefas necessárias da organização;
- Componente fornecedor - o componente fornecedor inclui as variáveis relacionadas a todos os fornecedores de recursos para a organização;
- Componente internacional - o componente internacional está relacionado a questões internacionais que podem ter implicações nas operações da organização.

O ambiente interno é aquele que está dentro da organização e geralmente tem implicações imediatas e específicas para a organização. Diferentemente do ambiente geral e operacional que são externos à organização e por isso mesmo não controláveis o ambiente interno são possíveis de serem percebidos e controláveis.

Portanto, os ambientes geral e operacional não são controláveis pela organização por serem externos, enquanto que o ambiente interno é controlável por seus elementos serem internos.

Não existem uma forma e um padrão ideais para a execução da análise do ambiente que determine os riscos atuais e futuros para a organização na realização de suas diretrizes. Entretanto, seguindo o que foi tratado nesta seção, os administradores podem aumentar a qualidade de sua análise independentemente do procedimento utilizado. Eles devem determinar quão relevantessão os elementos analisados.

Certo, Peter, Marcondes e Cesar (2012) afirmam que há diversas técnicas disponíveis para ajudar a administração a realizar uma análise efetiva e eficiente do ambiente:

- Exame do ambiente - é a técnica em que se reúnem informações sobre eventos e suas relações dentro dos ambientes interno e externo da organização;
- Análise de oportunidades e riscos - a administração deve assegurar que a informação recebida do exame ambiental seja resumida e analisada para determinar o que caracteriza essas oportunidades e riscos;
- Previsão ambiental - é a técnica pela qual se determinam as possíveis condições de um ambiente organizacional em determinado momento no futuro.

Para finalizarmos a análise do ciclo do planejamento estratégico faremos a análise da obra do professor Djalma de Pinho Rebouças de Oliveira intitulada "Planejamento estratégico - conceitos, metodologia e prática".

Para Oliveira (2014), as fases básicas para elaboração e implementação do planejamento estratégico são:

- Diagnóstico estratégico;
- Missão da empresa;
- Instrumentos prescritivos e quantitativos;
- Controle e avaliação.

Os termos: diagnóstico estratégico ou auditoria de posição ou análise são denominações para a mesma coisa.

O diagnóstico estratégico corresponde à primeira fase do processo de planejamento estratégico e visa responder a pergunta "qual a real situação da empresa quanto aos seus aspectos internos e externos?"

Para Oliveira (2014), o diagnóstico estratégico proporciona uma visão do que a empresa tem de bom, regular ou ruim de seu processo administrativo. Nessa fase há análise e verificação dos aspectos inerentes à realidade externa e interna da empresa. Portanto, o diagnóstico visa ser um retrato fiel da empresa naquele momento.

Mas qual o objetivo e a necessidade de se realizar o diagnóstico organizacional?

A competição acirrada entre as organizações e as mudanças que ocorrem constantemente requerem que as empresas façam a revisão constante e periódica de suas estratégias e compreendam qual sua real situação naquele momento analisado.

Portanto, a finalidade básica do diagnóstico estratégico é apresentar uma fotografia da empresa e seu ambiente em determinado momento.

Para Oliveira (2014), as premissas básicas do diagnóstico estratégico são:

- Deve considerar o ambiente externo e não controlável;
- Esse ambiente proporciona à empresa oportunidades e ameaças;
- Para enfrentar essa situação do ambiente externo a empresa deverá ter conhecimento de seus pontos fortes e fracos;
- O processo de análise externo e interno deverá ser realista, integrado, sustentado, contínuo e acumulativo.

Um dos instrumentos administrativos que podem auxiliar o processo de diagnóstico é o benchmarking.

De forma simples pode-se definir o benchmarking como o a cópia do que as organizações fazem de melhor.

Citação

O termo benchmarking significa um marco de referência, um padrão de excelência, que precisa ser identificado para servir de base ou de alvo para a mudança. (...) Hoje, o benchmarking é uma técnica cada vez mais utilizada para comparar processos importantes com as melhores práticas mundiais e coletar informações necessárias de modo que sejam referências válidas para fazer mudanças inteligentes dentro da organização. Permite comparações de processos e práticas entre as organizações para identificar o "melhor do melhor" e alcançar um nível de superioridade ou de vantagem competitiva (Chiavenato, 2004,p.559).

Segundo Oliveira (2104), a fase do diagnóstico estratégico pode ser dividido em 5 etapas:

1. Identificação da visão;
2. Identificação dos valores;
3. Análise externa;
4. Análise interna;
5. Análise dos concorrentes.

Na fase de identificação da visão são identificadas as necessidades e expectativas dos membros da empresa.

Citação

> *Visão é conceituada como os limites que os proprietários e principais executivos da empresa conseguem enxergar dentro de um período de tempo mais longo e uma abordagem mais ampla. Nesse contexto, a visão proporciona o grande delineamento do planejamento estratégico a ser desenvolvido e implementado pela empresa. A visão representa o que a empresa quer ser em um futuro próximo ou distante, de acordo com o horizonte de tempo que os executivos da empresa conseguem visualizar, com adequada competência estratégica (Oliveira, 2014,p.65).*

No estabelecimento da visão da empresa é possível fazer alguns questionamentos que podem auxiliar na elaboração da visão:

- O que queremos ser?
- Qual a força que nos impulsiona para essa nova situação?
- Quais são nossos valores básicos?
- O que sabemos fazer de melhor e nos diferencia perante as empresas concorrentes?
- Quais são as barreiras que podem surgir nesse processo evolutivo e de mudanças?
- Quais as expectativas do mercado que estaremos atendendo?
- Como conseguiremos a plena adesão de todos os funcionários, executivos e proprietários da empresa nesse processo evolutivo?

Na fase de identificação dos valores é importante identificar os valores que sustentam o modelo de gestão da empresa. Essa identificação, debate e a disseminação dos valores da empresa são fundamentais para o planejamento estratégico.

Citação

Valores representam o conjunto de princípios, crenças e questões éticas fundamentais de uma empresa, bem como fornecem sustentação a todas as suas principais decisões. (Oliveira, 2014,p.43).

Os valores da empresa devem ter forte interação com as questões éticas e morais da empresa.

Depois de identificar a visão e os valores da organização, a próxima etapa do diagnóstico estratégico é a análise externa da organização.

A etapa da análise externa, como o próprio nome indica, é analisar o ambiente externo da organização, é fundamental que a organização olhe para fora com olhar crítico no sentido de identificar as ameaças e oportunidades existentes.

Citação

"Análise externa é a análise das oportunidades de produtos e mercados disponíveis à empresa fora de seu conjunto corrente das linhas de produtos ou serviços versus segmentos de mercados, decorrendo daí a decisão final de diversificar ou não os negócios da empresa" (Ansoff, 1990,p.127).

Oliveira (2014), afirma que é importante levar em consideração na análise externa a divisão do ambiente da empresa:

- Ambiente direto - representa o conjunto de fatores através dos quais a empresa tem condições não só de identificar, mas também de avaliar ou medir, de forma mais efetiva e adequada, o grau de influência recebido e/ou proporcionado;

- Ambiente indireto - representa o conjunto de fatores através dos quais a empresa identificou, mas não tem condições, no momento, de avaliar ou medir o grau de influência entre as partes.

Essa classificação do ambiente externo da organização em duas categorias normalmente ocorre para facilitar a compreensão e a análise das variáveis e componentes existentes.

Além disso, é preciso destacar que o ambiente direto da organização apresenta variáveis e componentes cujas influências são identificáveis, o que já não ocorre no ambiente indireto em que seus elementos de influência não são identificáveis.

Após concluir 3 fases do diagnóstico estratégico chegamos à análise interna da organização, que nada mais é do que analisar internamente como está a organização em termos de recursos materiais, recursos financeiros, recursos humanos e infraestrutura.

Citação

A análise interna tem por finalidade colocar em evidência as qualidades e deficiências da empresa que está sendo analisada, ou seja, os pontos fortes e fracos da empresa devem ser determinados, principalmente, diante da atual posição de seus produtos ou serviços versus segmentos de mercados(Oliveira, 2014,p.83).

Na análise interna é fundamental realizar a análise das grandes áreas e funções administrativas de uma empresa:

- Marketing;
- Finanças;
- Produção;
- Recursos Humanos;
- Logística.

A análise interna deve sempre ter como parâmetro de comparação as empresas do mesmo setor de atuação. E qual o motivo dessa comparação?

Imagine que uma empresa que atua no ramo de alimentos, por exemplo, a Nestlé faça a comparação de sua análise interna com a Caixa Econômica Federal. Obviamente que essa análise não terá validade alguma, pois os indicadores e variáveis comparáveis são diferentes para organizações de áreas de atuação diferentes.

Nesse caso a Nestlé deveria tomar como parâmetros, organizações da mesma área de atuação, por exemplo, a Danone e a Vigor quando se tratar de produtos lácteos. Quando se tratar de chocolates, sua análise deve ser sobre os produtos da Lacta.

A análise interna da organização vai apontar variáveis importantes para o planejamento estratégico:

- Pontos fortes;
- Pontos fracos;
- Pontos neutros.

Pontos neutros? O que vem a ser isso?

Esta é uma variável que poucos pesquisadores apresentam e que é fundamental para análise interna da organização.

Citação

Ponto neutro é uma variável identificada pela empresa; todavia, no momento, não existem critérios e parâmetros de avaliação para sua classificação como ponto forte ou ponto fraco (Oliveira, 2014,p.48),

Os pontos neutros são variáveis internas e controláveis que foram identificados, mas que em determinado momento não podem ser identificados nem como pontos fortes e nem como pontos fracos.

Também é importante identificar os pontos neutros da análise interna da empresa, pois há condições em que é difícil determinar se beneficiam ou prejudicam a empresa.

A utilização dos pontos neutros é importante para as empresas, pois ao considerar de forma equivocada um fator como ponto forte ou fraco pode prejudicar o processo decisório e estratégico da empresa.

Segundo Oliveira (2014), para o estabelecimento dos pontos fortes, fracos e neutros da empresa deve-se analisar uma série de aspectos importantes:

- Funções a serem analisadas e desempenhadas pelas diversas áreas da empresa;
- Aspectos organizacionais;
- Abrangência dos processos estratégicos, administrativos e operacionais;
- Níveis de controle e avaliação;
- Critérios de avaliação;
- Obtenção das informações.

Para o sucesso da estratégia é fundamental que a empresa foque no que pode fazer de melhor.

Chegamos a última fase do diagnóstico estratégico que é a análise dos concorrentes que pode ser uma das partes da análise externa. O objetivo da análise dos concorrentes é proporcionar a identificação das vantagens competitivas da empresa e dos concorrentes.

Um outro exemplo claro da importância das análises interna e externa,tendo como parâmetros seus concorrentes, pode ser visto com a luta de dois grandes grupos pela conquista da maior fatia do mercado consumidor que vem ocorrendo entre a BRF e a Seara. A Seara pertence ao Grupo JBS, líder mundial em processamento de carne bovina, ovina e de aves, além de ter uma forte participação na produção de carne suína; já a BRF foi criada em 2009, a partir da associação entre a Sadia e a Perdigão, após o processo de fusão, finalizado em 2012, a empresa tornou-se uma das gigantes do mercado alimentício mundial, uma das principais exportadoras de proteína animal do planeta, com alimentos que chegam a mais de 110 países. As duas organizações vêm adotando novas estratégias de marketing que envolvem a criação de produtos mais saudáveis, a contratação de novos garotos-propaganda e a intensificação de propaganda na TV em rede nacional.

O diagnóstico estratégico em seu processo de análise externa e interna apresenta determinados componentes:

- pontos fortes;
- pontos fracos;
- oportunidades;
- ameaças.

Os pontos fortes e fracos compõem a análise interna da empresa e as oportunidades e ameaças são variáveis da análise externa. Além disso, os pontos fortes e fracos são as variáveis controláveis pela organização, enquanto que as ameaças e oportunidades são as variáveis não controláveis.

Para Oliveira (2014), as oportunidades são classificadas em:

- Oportunidades naturais - são as oportunidades incorporadas à natureza da empresa;
- Oportunidades de evolução - são as oportunidades proporcionadas à empresa através da formação e consolidação gradativa de condições e circunstâncias que tendem a consolidar uma vantagem competitiva;

- Oportunidades sinérgicas - são as oportunidades que proporcionam situações complementares e adicionais para a empresa;
- Oportunidades de inovação - são oportunidades que geralmente modificam as características econômicas fundamentais e a capacidade da empresa e requerem grandes esforços e investimentos em tecnologia.

Já em relação às ameaças,Oliveira (2014) as classifica em:

- Ameaças naturais - são as ameaças inerentes da própria empresa e seu ramo de atuação. Um exemplosão as ameaças produzidas pela indústria da computação, que está em constante e rápido desenvolvimento tecnológico. Um computador que hoje é considerado de última geração daqui a2 ou 3 anos já não o será;
- Ameaças aceitáveis - são as ameaças que a empresa considera aceitável;
- Ameaças inaceitáveis - são aquelas que a empresa considera inaceitável por haver muita incerteza.

Com essa análise da análise do diagnóstico organizacional ou diagnóstico estratégico finalizamos o segundo capítulo e podemos avançar para o últimocapítulo do livro, a análise dos Projetos Ambientais e Sociais.

REFERÊNCIAS DO CAPÍTULO

ANDRADE, Arnaldo Rosa de. Planejamento estratégico. São Paulo, Atlas, 2012.

ANSOFF, H. Igor. A nova estratégia empresarial. São Paulo, Atlas, 1990.

CAMARGOS, Marco Antônio de e DIAS, Alexandre Teixeira. Estratégia, administração estratégica e estratégia corporativa: uma síntese teórica. Caderno de Pesquisas em Administração, São Paulo, v. 10, nº 1, janeiro/ março 2003.

CARAVANTES, Geraldo R.; PANNO, Cláudia C. e KLOECKNER, Mônica C. Administração: teoria e processos. São Paulo, Pearson Prentice Hall, 2005.

CERTO, Samuel; PETER, J.P.; MARCONDES, Reynaldo Cavalheiro e CESAR, Ana Maria Roux. Administração estratégica: planejamento e implantação de estratégias. 3.ed. São Paulo, Pearson, 2012.

CHANDLER, Alfred D. Strategy and structure: charters in the history of the industrial enterprise. Cambridge, Massachusetss: MIR Press, 1962.

CHIAVENATO, Idalberto e SAPIRO, Arao. Planejamento estratégico. 2.ed. Rio de Janeiro, Campus, 2009.

CHIAVENATO, Idalberto. Administração nos novos tempos. 2.ed. Rio de Janeiro, Campus, 2004.

DAFT, Richard L. Administração. São Paulo, Cengage Learning, 2010.

LOBATO, David Menezes; MOYSÉS FILHO, Jamil; TORRES, Maria Cândida Sotelino e RODRIGUES, Murilo Ramos Alambert. Estratégia de empresas. 9.ed. Rio de Janeiro, Editora FGV, 2009.

LODI, João Bosco. História da Administração. 4.ed. São Paulo, Pioneira, 1976.

MAINARDES, Emerson Wagner ; FERREIRA, João; RAPOSO, Mario . Conceitos de estratégia e gestão estratégica: qual é o nível de conhecimento adquirido pelos estudantes de gestão?. FACEF Pesquisa, v. 14, p. 278-298, 2011.

MAXIMIANO, Antonio Cesar Amaru. Teoria Geral da Administração: da revolução urbana à revolução digital. 5.ed. São Paulo, Atlas, 2005.

MINTZBERG, Henry. What is planning anyway.Strategic Management Journal. New York, n 2, Oct, 1983.

MÜLLER, Cláudio José. Planejamento estratégico, indicadores e processos. São Paulo, Atlas, 2014.

OHMAE, Kenichi. O estrategista em ação. São Paulo, Pioneira, 1988.

OLIVEIRA, Djalma de Pinho Rebouças de. Estratégia empresarial & vantagem competitiva: como estabelece, implementar e avaliar. 9.ed. São Paulo, Atlas, 2013.

OLIVEIRA, Djalma de Pinho Rebouças de. Planejamento estratégico – conceitos, metodologia e práticas. 31.ed. São Paulo, Atlas, 2014.

PORTER, Michael E. Estratégia competitiva. 2.ed. Rio de Janeiro, Campus, 2004.

PORTER, Michael E. Vantagem competitiva: criando e sustentando um desempenho superior. Rio de Janeiro, Campus, 2005.

PORTER, Michael. Competitive advantage. New York, The Free Press, 1985.

SHIGUNOV NETO, Alexandre; DENCKER, Ada de Freitas M. & CAMPOS, Letícia Mirella Fischer. Dicionário de Administração e Turismo. Rio de Janeiro, Ciência Moderna, 2006.

SILVA, Reinaldo Oliveira da. Teorias da Administração. São Paulo, Pioneira Thomson Learning, 2002.

VASCONCELOS, Flávio C. Relatório de pesquisa - NPP - Vantagem competitiva: os construtos e a métrica. São Paulo, EAESP-FGV Disponível: http://bibliotecadigital.fgv.br/dspace/bitstream/handle/10438/3031/P00309_1.pdf?sequence=1. Acesso em 03/06/14

Capítulo III

ADMINISTRAÇÃO DE PROJETOS AMBIENTAIS E SOCIAIS

OBJETIVOS DE APRENDIZAGEM

Os objetivos de aprendizagem nesse capítulo são:

- Apresentar os conceitos de Administração de Projetos;
- Compreender os conceitos básicos da Administração de Projetos e importância;
- Compreender a estrutura lógica dos projetos;
- Compreender o PMI;
- Compreender o processo de elaboração de projetos ambientais e sociais.

PLANO DE ESTUDO

A seguir, apresentam-se os tópicos que você estudará nesta unidade:

- Conceitos básicos;
- Estrutura lógica dos projetos;
- PMI;
- Elaboração de projetos ambientais e sociais.

A Administração de Projetos enquanto área de conhecimento específica é relativamente nova, surgiu na década de 1960 nos Estados Unidos.

Hoje é amplamente difundida no Brasil e tornou-se objeto de estudo de pesquisadores nacionais e internacionais. Entre os estudiosos que discutem sobre o tema, destacam-se: Buarque (1984),Keelling (2002), Meredith e Mantel Jr. (2003), Luck (2004), Valeriano (2005), Duffy (2006), Gido e Clements (2007), Berkun (2008), Maximiano (2008), Clemente (2008), Woiler e Martins (2008), Menezes (2009), Trentim (2010), Bueno (2011), Prado (2011), Carvalho e Rabechini Jr. (2011), Kerzner e Saladis (2011), Kanabar (2012), Mei (2013), Oliveira (2013), Cierco, Monat, Nascimento e Mendes (2013), Camargo (2014), Jugend, Barbalho e Silva (2014), Vargas (2014)

O objetivo deste capítulo é o de analisar e apresentar, de forma clara e objetiva,a administração de projetos ambientais e sociais e sua importância para as organizações.

Para atingir os objetivos propostos estruturou-se o presente capítulo em quatro partes complementares, conceitos básicos da Administração de Projetos Ambientais e Sociais, a estrutura lógica dos projetos, PMI e por fim a elaboração de projetos ambientais e sociais.

3.1. Conceitos básicos;

3.2. Estrutura lógica dos projetos;

3.3. PMI;

3.4. Elaboração de projetos ambientais e sociais.

3.1. CONCEITOS BÁSICOS

Com toda certeza você já deve ter ouvido falar na palavra projeto.

Mas você sabe o que significa? E como é sua aplicação na Administração e também na Gestão Ambiental?

O termo projetotem origem do latim *proicio* e significa lançar para diante, seguir em frente.

Citação

> *Projeto é uma sequência de atividades temporárias que têm o objetivo de fornecer um produto (Maximiano, 2008,p.4).*

Importante destacar que um projeto é o conjunto de atividades que devem ser realizadas em sequência ou em concomitância. São atividades temporárias, que devem ser realizadas num período de tempo pré-determinado e possuem um orçamento limitado e visam fornecer um produto ou serviço.

Então o que é um projeto?

Quais são os elementos que identificam um projeto?

É possível afirmar que o projeto é:

- É uma sequência de atividades;
- É uma atividade temporária;
- Apresenta um produto novo;
- Tem prazo para entrega;
- Tem orçamento limitado;
- É incerto;
- É complexo.

Para Maximiano (2008), projeto é:

- Empreendimento temporário ou sequência de atividades com começo, meio e fim programados;
- Que tem por objetivo fornecer um produto singular;
- Dentro de restrições orçamentárias.

E como é possível identificar um projeto?

Maximiano (2008) afirma que existem critérios para identificar projetos:

- A importância do evento ou atividade;
- Atividade que deve fornecer um produto novo;
- Data específica ou prazo para entregar o produto;
- Atividade diferente das atividades de rotina;
- Solução de problemas para cliente importante da organização.

Agora que já vimos o que é um projeto, podemos avançar para compreender o que é a Administração de Projetos, a Gestão de Projetos e a Gerência de Projetos.

Podemos afirmar que os termos Administração de Projetos, Gestão de Projetos e Gerência de Projetos são sinônimos e denominam a mesma coisa que é o gerenciamento das etapas de um projeto com objetivo de entregar um produto ao cliente com prazo e custos pré-estabelecidos.

O quadro a seguir apresenta um resumo com a definição de gestão de projetos ou administração de projetos, que apresentam o mesmo significado.

Quadro II - Definições de Administração de Projetos

AUTOR	DEFINIÇÃO
Darci (2004)	A gerência de projetos ou gerenciamento de projetos é um ramo das ciências gerenciais que trata do planejamento e controle de projetos. Gerenciar um projeto significa, resumidamente, planejar a sua execução antes de iniciá-lo e, então, acompanhar a sua execução.
PMI (2004)	O gerenciamento de projetos é a aplicação de conhecimentos, experiência, ferramentas e técnicas nas atividades do projeto de modo a atingir os requisitos do projeto.
Herzner (2007)	A gestão de projetos pode ser definida como o planejamento, a programação e o controle de uma série de tarefas integradas de forma a atingir seus objetivos com êxito, para benefício dos participantes do projeto.
Maximiano (2008)	Projeto é uma sequência de atividades temporárias que têm o objetivo de fornecer um produto.
Mangeli (2013)	O gerenciamento de projetos é reconhecido como o emprego dos conhecimentos,habilidades, ferramentas e técnicas para planejar, programar, executar e controlar as atividades do projeto. Ele ocorre pela aplicação e integração adequadas dos processos e seus agrupamentos lógicos.
ABNT NBR ISO 21500:2012	O gerenciamento de projetos é a aplicação de métodos, ferramentas, técnicas e competências para um projeto. O gerenciamento de projetos inclui a integração de várias fases do ciclo de vida do projeto.

Fonte: autoria própria

Finalizamos o primeiro tópico do capítulo com a análise dos conceitos de projeto e Administração de Projetos. Na continuidade do capítulo sobre a Administração de Projetos Ambientais e Sociais iremos analisar a estrutura de um projeto.

Saiba Mais

Para obter mais informações sobre a Administração de Projetos vale a pena pesquisar os seguintes livros:

BERKUN, Scott. A arte do gerenciamento de projetos. Porto Alegre, Bookman, 2008

BUARQUE, C. Avaliação Econômica de Projetos. Rio de Janeiro, Campus, 1984.

BUENO, Guilherme. MS Projetct 2010 e gestão de projetos. 2.ed. São Paulo, Pearson/Prentice Hall, 2011

CAMARGO, Marta Rocha. Gerenciamento de projetos. Rio de Janeiro, Campus, 2014

CARVALHO, Marly Monteiro de e RABECHINI JR., Fundamentos em gestão de projetos - construindo competências para gerenciar projetos. 3.ed. São Paulo, Atlas, 2011

CIERCO, Agliberto Alves; MONAT, André Soares; NASCIMENTO, Fernando Paes e MENDES, João Ricardo Barroca. Gestão de projetos. São Paulo, FGV, 2013

CLEMENTE, Ademir. Projetos empresariais e públicos. 3.ed. São Paulo, Atlas, 2008.

DUFFY, Mary. Gestão de projetos. Rio de Janeiro, Campus, 2006

GIDO, Jack e CLEMENTS, James P. Gestão de projetos. São Paulo, Cengage Learning, 2007

JUGEND, Daniel; BARBALHO, Sanderson César Macedo e SILVA, Sergio Luis-da.Gestão de projetos. Rio de Janeiro, Campus, 2014

KANABAR, Roger WarburtonVijay. Gestão de projetos. São Paulo, Saraiva, 2012

KEELLING, Ralph. Gestão de projetos. São Paulo, Saraiva, 2002.

KERZNER, Harold e SALADIS, Frank P.Gerenciamento de projetos orientado por valor. Porto Alegre, Bookman, 2011

LUCK, Heloísa. Metodologia de projetos: uma ferramenta de planejamento de gestão. 5.ed. Petrópolis, Vozes, 2004.

MAXIMIANO, Antonio Cesar Amaru. Administração de projetos - como transformar idéias em resultados. 3.ed. São Paulo, Atlas, 2008.

MEI, Paulo. Gerenciamento da integração em projetos. Rio de Janeiro, Campus, 2013

MENEZES, Luís César de Moura. Gestão de projetos. 3.ed. São Paulo, Atlas, 2009.

MEREDITH, Jack R. e MANTEL JR.,, Samuel J. Administração de projetos: uma abordagem gerencial. 4.ed. Rio de Janeiro, LTC, 2003

OLIVEIRA, Djalma de Pinho Rebouças de. Administração de projetos - melhores práticas para otimizar resultados. São Paulo, Atlas, 2013

PRADO, Darci. Planejamento e controle de projetos. 7.ed. Nova Lima, INDG, 2011

TRENTIM, Mario Henrique. Manual do MS Projetct 2010 e melhores práticas do PMI. São Paulo, Atlas, 2010

VALERIANO, Dalton L. Moderno gerenciamento de projetos. São Paulo, Pearson/Prentice Hall, 2005

VARGAS, Ricardo Viana. Manual prático do plano de projeto. 5.ed. São Paulo, Brasport, 2014

WOILER, Sansão e MARTINS, Washington Franco. Projetos - planejamento, elaboração e análise. 2.ed. São Paulo, Atlas, 2008

3.2. ESTRUTURA LÓGICA DOS PROJETOS

Vimos que um projeto é uma sequência de atividades temporária que possui prazo de entrega, orçamento limitado, é incerto, complexo e tem como objetivo entregar um produto a um cliente.

Dessa forma é possível compreender que um projeto é composto de vários elementos:

- Produto;
- Prazo;
- Custo;
- Equipe;
- Plano de projeto.

Maximiano (2008) afirma que há 3 ferramentas básicas da administração de projetos:

- Gerente de projetos;
- Equipe de projetos;
- Plano de projeto.

O gerente de projetos é o encarregado pela execução e coordenação do projeto a ser executado.

A equipe de projetos é constituída por todos os membros que irão atuar no projeto, tanto os servidores da organização quanto os profissionais terceirizados.

O plano de projeto é a formalização do projeto a ser executado.

Todo projeto é uma sequência de atividades que tem início, meio e fim e por isso é que se diz que o projeto apresenta um ciclo de vida.

O ciclo de vida do projeto é a sequência de fases que vão do começo ao fim de um projeto, a compreensão do ciclo de vida do projeto permite visualizar as fases dos projetos.

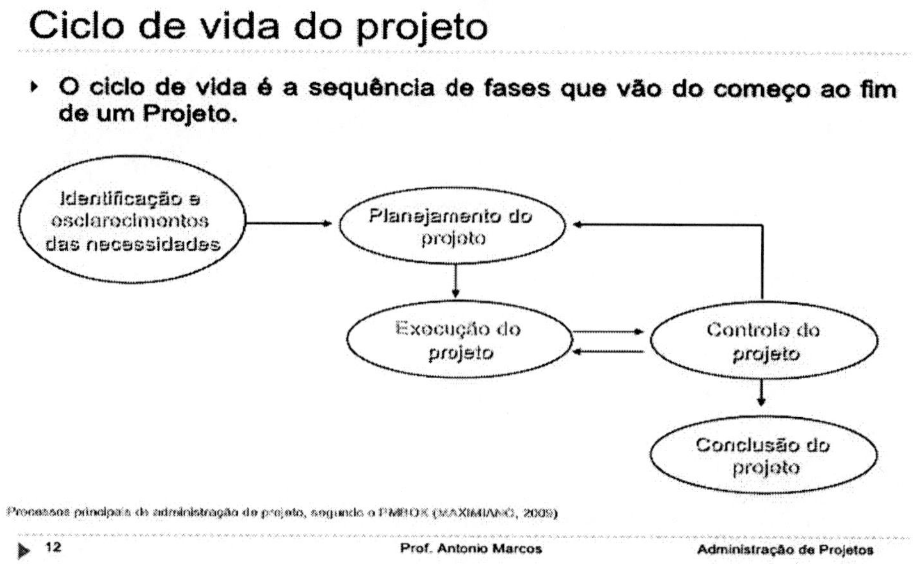

Fonte: http://pt.slideshare.net/mmontai/gesto-do-escopo-do-projeto

Para Maximiano (2008), um ciclo de vida genérico tem as seguintes fases:

- Descoberta de uma ideia ou visão do produto ou também denominado de inspiração;
- Concepção ou planejamento - momento em que a ideia se transforma na representação do produto que deverá ser fornecido ao final do projeto;
- Desenho ou projeto do produto - é o momento em que a representação do produto se transforma no desenho detalhado do produto;
- Desenvolvimento - são as etapas do desenvolvimento do produto;
- Entrega - é a etapa de entrega do produto ao cliente.

Figura 1.5 – Ciclo de vida do projeto genérico

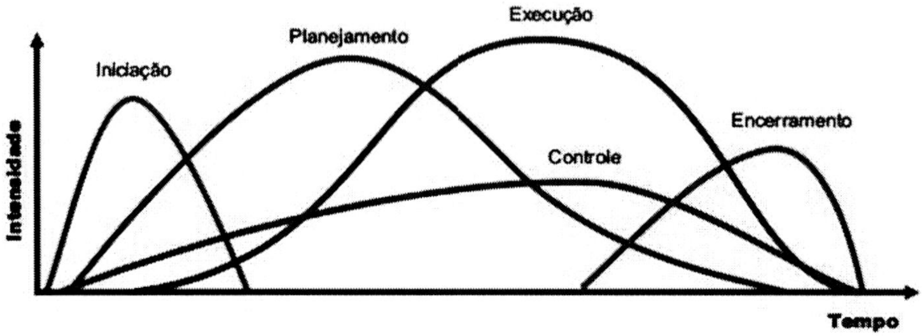

Fonte: https://felipelirarocha.wordpress.com/2013/07/13/ciclo-de-vida-de-projeto/

Um projeto é quase sempre um empreendimento temporário que faz parte de um empreendimento maior.

Mas quais são os principais processos na administração de um projeto?

Os cincos processos da administração de projetos:

- Planejamento;
- Organização;
- Execução;
- Controle;
- Encerramento.

O processo de planejar ou preparar um projeto começa com um problema ou necessidade que determina a decisão de iniciar o projeto. O planejamento visa esclarecer o problema, estabelecer prazos, os recursos necessários, os custos e todas as variáveis que possam estar envolvidas direta ou indiretamente no projeto.

A organização é o processo de dispor os recursos necessários para a realização do projeto. A organização de um projeto consiste na montagem das equipes e dos recursos necessários.

A execução de um projeto consiste em realizar as atividades planejadas.

O controle de um projeto visa assegurar a realização de objetivos, comparando o que foi planejado com o que efetivamente foi executado.

O encerramento de um projeto consiste em entregar ou apresentar ao cliente o produto solicitado.

Para Maximiano (2008), os projetos de uma organização podem ser classificados de diversas maneiras, uma forma usual é:

- Projetos estratégicos - estão ligados aos objetivos de longo prazo do desenvolvimento da organização;
- Projetos operacionais - estão ligadosàs atividades funcionais e operacionais da empresa;
- Projetos emergenciais ou urgentes são aqueles que respondem a problemas de soluções emergenciais;
- Projetos compulsórios são empreendimentos para atender a obrigações criadas pela legislação.

Como avaliar e selecionar projetos?

Para avaliar e selecionar projetos, as organizações precisam estabelecer procedimentos e critérios.

Há dois grupos principais de critérios para avaliar e selecionar ideias de projetos:

- Critérios comerciais - são critérios relacionados ao mercado e indicam se a ideia tem potencial de gerar negócios lucrativos para a empresa;

- Critérios técnicos – são critérios relacionados aos aspectos técnicos do produto e indicam se é possível transformar a ideia em produto.

Fonte: http://pt.slideshare.net/mmontai/gesto-do-escopo-do-projeto

Os indicadores dos critérios comerciais são:

- Potencial de faturamento e lucro;
- Taxa de crescimento das vendas;
- Avaliação da concorrência;
- Distribuição do risco;
- Oportunidade de mudança no ramo de negócios.

Os indicadores dos critérios técnicos são:

- Disponibilidade de capital;
- Capital de marketing da empresa;
- Capacidade industrial da empresa;
- Capacidade da base tecnológica;
- Disponibilidade de matérias-primas;
- Competência gerencial.

A utilização do gráfico é importante para que o gerente do projeto consiga visualizar os critérios e avaliar os projetos.

Os resultados do projeto devem ser avaliados pela medida em que o empreendimento como um todo é bem-sucedido e não apenas pelo cumprimento dos prazos e do orçamento na entrega do produto.

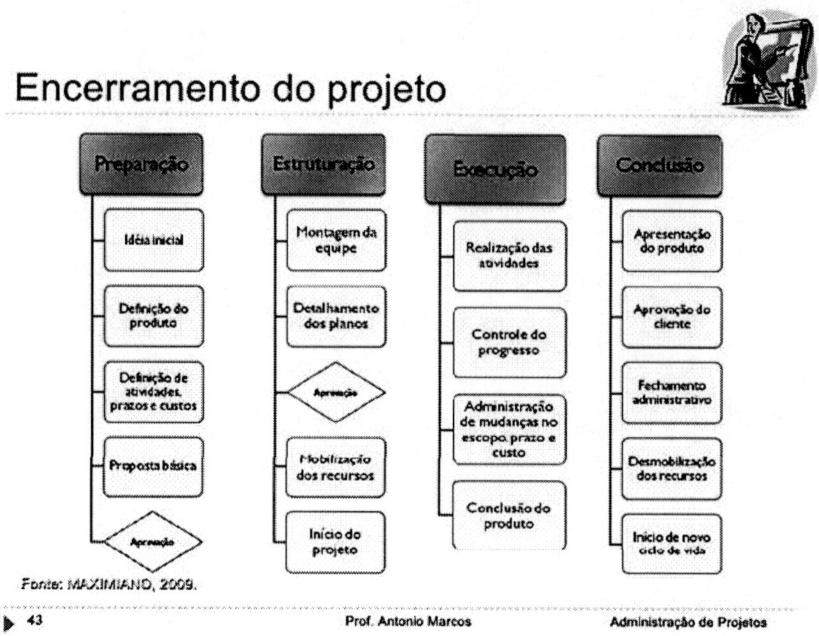

Fonte: http://pt.slideshare.net/mmontai/gesto-do-escopo-do-projeto

Citação

A administração de um projeto é o processo de tomar decisões para realizar atividades temporárias, com o objetivo de fornecer um resultado. O resultadoé uma combinação de produto físico, informações e eventos. Os projetos variam muito em termos de finalidade, complexidade e volume de recursos empregados (Maximiano, 2008,p.24).

O processo de planejar o escopo divide-se em 2 níveis:

- Declaração - a declaração do escopo é um enunciado resumido dos produtos que serão fornecidos pelo projeto;
- Detalhamento - o detalhamento do escopo é uma relação detalhada dos produtos que serão fornecidos.

Citação

A declaração do escopo é um enunciado resumido do leque de produtos ou serviços a serem fornecidos ao cliente. É o primeiro passo no processo de estabelecer os componentes do projeto(Maximiano, 2008,p.46).

Uma etapa fundamental dos projetos é a definição dos prazos e custos.

O processo de planejamento dos prazos e custos de um projeto é contínuo, que tem início com a definição do produto e acompanha o ciclo de vida do projeto.

Portanto, custos e prazos são interligados.

Citação

Para desenvolver e fornecer o produto do projeto é preciso realizar atividades que consomem recursos. A definição das atividades é a base para a administração dos prazos do projeto. A definição dos recursos é a base para a administração dos custos do projeto. A principal ferramenta para a definição da administração dos prazos é o cronograma. A principal ferramenta para a definição dos custos é o orçamento do projeto. Prazos e custos são meios para realizar o produto. Produto, prazos e custos são os elementos principais do plano e do gerenciamento de um projeto. (Maximiano, 2008,p. 72)

A identificação das atividades do projeto é fundamental, pois dessa forma é possível estabelecer um cronograma com a lista de atividades do projeto. Após a identificação das atividades deve-se identificar a sequência das atividades do projeto

A tabela de precedências é um sequenciamento das atividades do projeto, ou seja, indica a sequência das atividades a serem realizadas na execução do projeto.

Tabela I - Tabela de precedências

Sequência	Atividade	Duração	Atividade precedente
1			
2			
3			
3			

O planejamento de recursos é apresentar a relação de recursos necessários para a execução do projeto.

Os recursos necessários para a execução dos projetos são classificados em 4 tipos:

- Mão de obra - são os funcionários da empresa, os serviços de terceiros que são contratados e os serviços voluntários;
- Material permanente - são os equipamentos e instalações físicas próprias ou alugadas;
- Material de consumo - são diversos materiais como combustível, material de escritório e material permanente para uso contínuo;
- Serviços de terceiros - são viagens, hospedagens, alimentação e transporte.

Tabela II - Tabela de precedências

Sequência	Atividade	Recursos humanos	Material permanente	Material de consumo	Serviços de terceiro

Para estimar os custos do projeto é fundamental ter 3 informações importantes:

- O custo unitário de cada recurso;
- Os custos indiretos;
- A duração das atividades.

O orçamento é a estimativa dos custos do projeto e a ferramenta para seu controle.

Tabela III – Demonstrativo de orçamento

Item do orçamento	Mês 1	Mês 2	Mês 3	Mês 4	Mês 5	Mês 6	Total
Mão de obra							
Equipamentos							
Viagens							
Serviços de terceiros							
Aluguel							
Material de consumo							
Custos indiretos							

É importante compreender a diferença entre custo estimado do projeto e preço do projeto.

O preço do projeto é o valor a ser cobrado do cliente para entrega do produto solicitado.

O custo estimado do projeto é quanto o projeto custará para quem está executando.

Plano básico de projeto, plano de projeto, documento de projeto ou caderno de conceitos contém informações sobre o projeto.

Os elementos básicos do caderno de conceitos são:

I. Apresentação do documento e de seu conteúdo;

II. Produto;

III. Estrutura analítica do projeto;

IV. Justificativa do projeto;

V. Mercado;

VI. Metodologia;

VII. Recursos;

VIII. Legislação;

IX. Produção;

X. Custos do produto e do projeto;

XI. Cronograma;

XII. Equipe do projeto.

3.3. PMI

Você deve estar se questionando o que significa a sigla PMI?

Entre os anos de 1950 e 1960 as práticas da administração de projetos foram organizadas e planejadas em uma disciplina dos cursos de Administração. Esse movimento foi liderado pelo Project Management Institute (PMI) criado em 1969 (Maximiano, 2008).

Citação

> *Guia do Conhecimento em Gerenciamento de Projetos (Guia PMBOK ®) é uma norma reconhecida para a profissão de gerenciamento de projetos. Um padrão é um documento formal que descreve normas, métodos, processos e práticas estabelecidas. Assim como em outras profissões como advocacia, medicina e contabilidade, o conhecimento contido nesse padrão evoluiu a partir das boas práticas reconhecidas de profissionais de gerenciamento de projetos que contribuíram para o seu desenvolvimento (PMI, 2008, p. 10).*

O PMI produziu o Guia dos Conhecimentos sobre Administração de Projetos (Guidetothe Project Management BodyofKnowledge - PMBOK-2004). O Guia é um documento que condensou os conceitos e ferramentas da administração de projetos (Maximiano, 2008).

Fique Ligado!

O Instituto de Gerenciamento de Projetos (*Project Management Institute* PMI) é uma das principais associações para profissionais de gerenciamento de projetos e tem filial no Brasil.

https://brasil.pmi.org/brazil/AboutUS.aspx

Apesar da denominação de guia o mesmo não pode ser considerado um roteiro fixo para ser seguido etapa por etapa. Os conhecimentos e as práticas da administração de projetos não podem ser aplicados da mesma forma em todos os projetos (Maximiano, 2008).

O Guia PMBOK tem a seguinte estrutura:

Fonte: http://www.portal-administracao.com/2014/06/areas-do-conhecimento-guia-pmbok.html

As áreas de conhecimento da administração de projetos, segundo o PMBOK, são compostas por dez áreas:

- Gerenciamento da Integração;
- Gerenciamento de Escopo;

- Gerenciamento de Custos;
- Gerenciamento de Qualidade;
- Gerenciamento das Aquisições;
- Gerenciamento de Recursos Humanos;
- Gerenciamento das Comunicações;
- Gerenciamento de Risco;
- Gerenciamento de Tempo;
- Gerenciamento das Partes Interessadas.

3.4. ELABORAÇÃO DE PROJETOS AMBIENTAIS E SOCIAIS

Você deve estar se questionando, mas como elaboro um projeto ambiental ou um projeto social?

Pois bem, até agora vimos vários conceitos e instrumentos de gestão ambiental, planejamento estratégico e Administração de Projetos agora vamos tentar colocar em prática o que foi visto e elaborar um Projeto ambiental.

Para elaborar um Projeto ambiental vamos utilizar o caderno de conceitos.

No caso específico do Projeto ambiental uma organização pretende lançar um novo produto que seja ambientalmente sustentável no mercado em que atua.

Vamos utilizar o exemplo de uma empresa do ramo de produtos de higiene pessoal.

A empresa pretende lançar um novo produto que utilize embalagens sustentáveis com menor quantidade possível de plástico e seja menor, mas que consiga ter a mesma quantidade de produto da embalagem original.

Vimos que os elementos básicos do caderno de conceitos são:

I. Apresentação do documento e de seu conteúdo;

II. Produto;

III. Estrutura analítica do projeto;

IV. Justificativa do projeto;

V. Mercado;

VI. Metodologia;

VII. Recursos;

VIII. Legislação;

IX. Produção;

X. Custos do produto e do projeto;

XI. Cronograma;

XII. Equipe do projeto.

Considerando nosso projeto de novo produto que utilize embalagens-sustentáveis com menor quantidade possível de plástico e seja menor, mas que consiga ter a mesma quantidade de produto da embalagem original, iniciamos primeiramente pelo planejamento do projeto.

Primeiramente vamos planejar sobre a equipe do projeto.

Quem serão os membros do projeto? Quem será o gerente do projeto?

Podemos definir como gerente do projeto algum diretor da área de marketing.

E quem serão os demais membros da equipe do projeto?

Podemos envolver funcionários da área de produção, da área de marketing e também da área de finanças da empresa.

Agora que já definimos o gerente do projeto e os seus membros podemos pensar no cronograma do projeto.

Em relação ao cronograma, podemos utilizar o cronograma de algum outro projeto já realizado anteriormente, isso facilita o planejamento. Para fins de nosso projeto vamos pensar num projeto com duração de 8 meses.

E por fim, os custos do projeto? Quanto o projeto irá custa? Para isso precisamos detalhar todos os custos diretos e indiretos do projeto?

Agora podemos preencher o caderno de conceitos.

I. Apresentação do documento e de seu conteúdo

Este documento apresenta o projeto para elaboração de um novo produto da organização que visa produzir com responsabilidade social e atender com qualidade seus clientes.

II. Produto

Desenvolvimento de um produto que utilize embalagens sustentáveis com menor quantidade possível de plástico e seja menor, mas que consiga ter a mesma quantidade de produto da embalagem original.

III. Estrutura analítica do projeto

Apresenta a estrutura lógica do projeto a ser executado.

IV. Justificativa do projeto

O motivo de o projeto ser importante. O que o projeto poderá proporcionar de melhorias para a organização e sua relação com a sociedade e seus clientes.

V. Mercado

Qual o mercado que o produto pretende atingir?

VI. Metodologia

Como o projeto será desenvolvido

VII. Recursos

Quais recursos serão utilizados?

Quais recursos de mão de obra?

Quais recursos físicos a serem utilizados?

Quais recursos de material de consumo?

VIII. Legislação

Qual a legislação que se aplica ao projeto.

IX. Produção

Como será produzido o novo produto.

X. Custos do produto e do projeto

Quais os custos para elaboração do produto?

Quais os custos do projeto?

Quanto custou o projeto?

Se for vender o projeto por quanto pode ser?

XI. Cronograma

Detalhar o cronograma do projeto.

Detalhar todas as atividades a serem realizadas e estabelecer prazos para a execução das mesmas.

XII. Equipe do projeto

Quem é o gerente o projeto?

Quem são os membros do projeto?

REFERÊNCIAS DO CAPÍTULO

BERKUN, Scott. A arte do gerenciamento de projetos. Porto Alegre, Bookman, 2008

BUARQUE, C. Avaliação Econômica de Projetos. Rio de Janeiro, Campus, 1984.

BUENO, Guilherme. MS Projetct 2010 e gestão de projetos. 2.ed. São Paulo, Pearson/Prentice Hall, 2011

CAMARGO, Marta Rocha. Gerenciamento de projetos. Rio de Janeiro, Campus, 2014

CARVALHO, Marly Monteiro de e RABECHINI JR., Fundamentos em gestão de projetos - construindo competências para gerenciar projetos. 3.ed. São Paulo, Atlas, 2011

CIERCO, Agliberto Alves; MONAT, Andre Soares; NASCIMENTO, Fernando Paes e MENDES, João Ricardo Barroca. Gestão de projetos. São Paulo, FGV, 2013

CLEMENTE, Ademir. Projetos empresariais e públicos. 3.ed. São Paulo, Atlas, 2008.

DUFFY, Mary. Gestão de projetos. Rio de Janeiro, Campus, 2006

GIDO, Jack e CLEMENTS, James P. Gestão de projetos. São Paulo, Cengage Learning, 2007

JUGEND, Daniel; BARBALHO, Sanderson César Macedo e SILVA, Sergio Luisda.Gestão de projetos. Rio de Janeiro, Campus, 2014

KANABAR, Roger WarburtonVijay. Gestão de projetos. São Paulo, Saraiva, 2012

KEELLING, Ralph. Gestão de projetos. São Paulo, Saraiva, 2002.

KERZNER, Harold e SALADIS, Frank P.Gerenciamento de projetos orientado por valor. Porto Alegre, Bookman, 2011

LUCK, Heloísa. Metodologia de projetos: uma ferramenta de planejamento de gestão. 5.ed. Petrópolis, Vozes, 2004.

MANGELLI, Leonardo S. L. Passeri. Gestão de projetos e o Guia PMBOK: um estudo sobre o nível de uso do guia PMBOK nas empresas brasileiras. Dissertação de mestrado. Rio de Janeiro, FGV, 2013.

MAXIMIANO, Antonio Cesar Amaru. Administração de projetos - como transformar idéias em resultados. 3.ed. São Paulo, Atlas, 2008.

MEI, Paulo. Gerenciamento da integração em projetos. Rio de Janeiro, Campus, 2013

MENEZES, Luís César de Moura. Gestão de projetos. 3.ed. São Paulo, Atlas, 2009.

MEREDITH, Jack R. e MANTEL JR.,, Samuel J. Administração de projetos: uma abordagem gerencial. 4.ed. Rio de Janeiro, LTC, 2003

OLIVEIRA, Djalma de Pinho Rebouças de. Administração de projetos - melhores práticas para otimizar resultados. São Paulo, Atlas, 2013

PMI Standarts Committee.A Guide to the Project Management Body of Knowledge.Project Management Institute, USA, 2004.

PMI.A guide to the project management body of knowledge (PMBOK Guide), Project Management Institute, 4th ed., Newton Square, PA, 2008.

PRADO, Darci. Planejamento e controle de projetos. 7.ed. Nova Lima, INDG, 2011

TRENTIM, Mario Henrique. Manual do MS Projetct 2010 e melhores práticas do PMI. São Paulo, Atlas, 2010

VALERIANO, Dalton L. Moderno gerenciamento de projetos. São Paulo, Pearson/Prentice Hall, 2005

VARGAS, Ricardo Viana. Manual prático do plano de projeto. 5.ed. São Paulo, Brasport, 2014

WOILER, Sansao e MARTINS, Washington Franco. Projetos - planejamento, elaboração e análise. 2.ed. São Paulo, Atlas, 2008.

REFERÊNCIA BIBLIOGRAFICA

AAKER, D. A. Administração estratégica de mercado. 7.ed. Porto Alegre, Bookman, 2007.

ALMEIDA, Martinho Isnard Ribeiro de. Manual de planejamento estratégico. 3.ed. São Paulo, Atlas, 2010.

ANDRADE, Arnaldo Rosa de. Planejamento estratégico. São Paulo, Atlas, 2012.

ANSOFF, H. Igor. A nova estratégia empresarial. São Paulo, Atlas, 1990.

BARNEY, J. e HESTERLY, W. Administração estratégica e vantagem competitiva. São Paulo, Pearson, 2008.

BATEMAN, Thomas S. e SNELL, Scott A. Management: building competitive advantage. Chicago, Irwin, 1996.

BERKUN, Scott. A arte do gerenciamento de projetos. Porto Alegre, Bookman, 2008

BERTERO, Carlos Osmar. Gestão empresarial: estratégias organizacionais. São Paulo, Atlas, 2006BETHLEM, Agrícola. Estratégia empresarial: conceito, processo e administração estratégica. 6.ed. São Paulo, Atlas, 2009.

BUARQUE, C. Avaliação Econômica de Projetos. Rio de Janeiro, Campus, 1984BUENO, Guilherme. MS Projetct 2010 e gestão de projetos. 2.ed. São Paulo, Pearson/Prentice Hall, 2011

CAMARGO, Marta Rocha. Gerenciamento de projetos. Rio de Janeiro, Campus, 2014

CAMARGOS, Marco Antônio de e DIAS, Alexandre Teixeira. Estratégia, administração estratégica e estratégia corporativa: uma síntese teórica. Caderno de Pesquisas em Administração, São Paulo, v. 10, nº 1, janeiro/março 2003CARAVANTES, Geraldo R.; PANNO, Cláudia C. e KLOECKNER, Mônica C. Administração: teoria e processos. São Paulo, Pearson Prentice Hall, 2005CARVALHO, Marly Monteiro de e RABECHINI JR., Fundamentos em gestãode projetos - construindo competências para gerenciar projetos. 3.ed. São Paulo, Atlas, 2011

CERTO, Samuel; PETER, J.P.; MARCONDES, Reynaldo Cavalheiro e CESAR, Ana Maria Roux. Administração estratégica: planejamento e implantação de estratégias. 3.ed. São Paulo, Pearson, 2012CHANDLER, Alfred D. Strategy and structure: charters in the history of the industrial enterprise. Cambridge, Massachusetss: MIR Press, 1962CHIAVENATO, Idalberto e SAPIRO, Arao. Planejamento estratégico. 2.ed. Rio de Janeiro, Campus, 2009CHIAVENATO, Idalberto. Administração nos novos tempos. 2.ed. Rio de Janeiro, Campus, 2004CIERCO, Agliberto Alves; MONAT, Andre Soares; NASCIMENTO, Fernando Paes e MENDES, João Ricardo Barroca. Gestão de projetos. São Paulo, FGV, 2013

CLEMENTE, Ademir. Projetos empresariais e públicos. 3.ed. São Paulo, Atlas, 2008COSTA, Elizier Arantes. Gestão estratégica: da empresa que temos para a empresa que queremos. São Paulo, Saraiva, 2007DAFT, Richard L. Administração. São Paulo, Cengage Learning, 2010DRUCKER, Peter F. A nova era da Administração. São Paulo: Pioneira, 1976DRUCKER, Peter F. As novas realidades: no governo e na política, na economia e nas empresas, na sociedade e na visão do mundo. 2.ed. São Paulo: Pioneira, 1991

DRUCKER, Peter F. Prática de administração de empresas. 3.ed. Rio de Janeiro: Fundo de Cultura, 1969DUFFY, Mary. Gestão de projetos. Rio de Janeiro, Campus, 2006

FERENCE, Thomas P. e THURMAN, Paul W. Estratégia. São Paulo, Saraiva, 2012FISCHMANN, Adalberto A. e ALMEIDA, Martinho Isnard Ribeiro de. Planejamento estratégico na prática. 2.ed. São Paulo, Atlas, 2014GIDO, Jack e CLEMENTS, James P.Gestão de projetos. São Paulo, Cengage Learning, 2007

HOSKISSON, Robert E.; HIT, Michel A.; IRELAND, R. Duane e HARRISON, Jefrey S. Estratégicacompetitiva. São Paulo, Cengage Learning, 2010JOHNSON, Gerry; SCHOLES, Kevan e WHITTINGTON, Richard.Fundamentos de estratégia. Porto Alegre, Bookman, 2010

JUGEND, Daniel; BARBALHO, Sanderson César Macedo e SILVA, Sergio Luisda.Gestão de projetos. Rio de Janeiro, Campus, 2014

KANABAR, Roger WarburtonVijay. Gestão de projetos. São Paulo, Saraiva, 2012

KEELLING, Ralph. Gestão de projetos. São Paulo, Saraiva, 2002KERZNER, Harold e SALADIS, Frank P.Gerenciamento de projetos orientado por valor. Porto Alegre, Bookman, 2011

KOTLER, Philip & ARMSTRONG, Gary. Princípios de marketing. 12.ed. Rio de Janeiro: Prentice-Hall do Brasil, 1995LANNA, A.E.L. Gerenciamento de bacia hidrográfica: aspectos conceituais e metodológicos. Brasília, Instituto Brasileiro de Meio Ambiente e dos Recursos Naturais Renováveis, 1995LOBATO, David Menezes; MOYSÉS FILHO, Jamil; TORRES, Maria Cândida Sotelino e RODRIGUES, Murilo Ramos Alambert. Estratégia de empresas. 9.ed. Rio de Janeiro, Editora FGV, 2009LODI, João Bosco. História da Administração. 4.ed. São Paulo, Pioneira, 1976.

LUCK, Heloísa. Metodologia de projetos: uma ferramenta de planejamento de gestão. 5.ed. Petrópolis, Vozes, 2004MAINARDES, Emerson Wagner ; FERREIRA, João ; RAPOSO, Mario . Conceitos de estratégia e gestão estratégica: qual é o nível de conhecimento adquirido pelos estudantes de gestão?. FACEF Pesquisa, v. 14, p. 278-298, 2011MANGELLI, Leonardo S. L.

Passeri. Gestão de projetos e o Guia PMBOK: um estudo sobre o nível de uso do guia PMBOK nas empresas brasileiras. Dissertação de mestrado. Rio de Janeiro, FGV, 2013MATIAS-PEREIRA, José. Curso de administração estratégica: foco no planejamento estratégico. São Paulo, Atlas, 2011MA-XIMIANO, Antonio Cesar Amaru. Administração de projetos - como transformar idéias em resultados. 3.ed. São Paulo, Atlas, 2008MAXIMIANO, Antonio Cesar Amaru. Teoria Geral da Administração: da revolução urbana à revolução digital. 5.ed. São Paulo, Atlas, 2005.

MEI, Paulo. Gerenciamento da integração em projetos. Rio de Janeiro, Campus, 2013

MENEZES, Luís César de Moura. Gestão de projetos. 3.ed. São Paulo, Atlas, 2009MEREDITH, Jack R. e MANTEL JR.,, Samuel J. Administração de projetos: uma abordagem gerencial. 4.ed. Rio de Janeiro, LTC, 2003

MILES, Raymond E. e SNOW, Charles C. Organizational strategy, structure and process. New York, McGraw-Hill, 1978.

MINTZBERG, Henry. What is planning anyway.Strategic Management Journal. New York, n 2, Oct, 1983.

MINTZBERG, Henry; AHLSTRAND, Bruce e LAMPEL, Joseph.Safári de estratégia. Um roteiro pela selva do planejamento estratégico. 2.ed. Porto Alegre, Bookman, 2010MINTZBERG, Henry; LAMPEL, Joseph; QUINN, James B. e GHOSHAL, Sumantra. O processo da estratégia: conceitos, contextos e casos selecionados. 4.ed. Porto Alegre, Bookman, 2006MON-TGOMERY, Cyntia. A. e PORTER, Michael E. Estratégia: a busca da vantagem competitiva. Rio de Janeiro, Campus, 2004MORESCO, Marcielly Cristina; MARCHIORI, Marlene e GOUVEA, Daniela Ribeiro de. Pensamento estratégico e planejamento estratégico: possíveis inter-relações. Revista Gestão e Planejamento, Salvador, v. 15, n. 1, p. 63-79, jan./abr. 2014MÜL-LER, Cláudio José. Planejamento estratégico, indicadores e processos. São Paulo, Atlas, 2014OHMAE, Kenichi. O estrategista em ação. São Paulo,

Pioneira, 1988OLIVEIRA, Djalma de Pinho Rebouças de. Administração de projetos - melhores práticas para otimizar resultados. São Paulo, Atlas, 2013

OLIVEIRA, Djalma de Pinho Rebouças de. Administração estratégica na prática - a competitividade para administrar o futuro das empresas. 8.ed. São Paulo, Atlas, 2012OLIVEIRA, Djalma de Pinho Rebouças de. Estratégia empresarial & vantagem competitiva: como estabelece, implementar e avaliar. 9.ed. São Paulo, Atlas, 2013OLIVEIRA, Djalma de Pinho Rebouças de. Planejamento estratégico - conceitos, metodologia e práticas. 31.ed. São Paulo, Atlas, 2014PEREIRA, Maurício Fernandes. Planejamento estratégico: teorias, modelos e processos. São Paulo, Atlas, 2010PMI Standarts Committee.A Guide to the Project Management Body of Knowledge.Project Management Institute, USA, 2004PMI.A guide to the project management body of knowledge (PMBOK Guide), Project Management Institute, 4th ed., Newton Square, PA, 2008PORTER, Michael E. Estratégia competitiva. 2.ed. Rio de Janeiro, Campus, 2004PORTER, Michael E. Vantagem competitiva: criando e sustentando um desempenho superior. Rio de Janeiro, Campus, 2005aPORTER, Michael. Competitive advantage. New York, The Free Press, 1985.

PRADO, Darci. Planejamento e controle de projetos. 7.ed. Nova Lima, INDG, 2011

ROBBINS, Stephen P. e DE CENZO, David A. Fundamentals of management. Upper Saddle River, Prentice Hall, 1995ROBBINS, Stephen P. e DECENZO, David A. Fundamentos de administração: conceitos essenciais e aplicações. 4.ed. São Paulo, Pearson, 2004SAMPAIO, Carlos Alberto Cioce. Planejamento, administração e pensamento estratégico. Vol6, No 1 (2001). Revista de Negócios. Blumenau, p.39-48

SHIGUNOV NETO, Alexandre e SCARPIM, João Augusto. Terceirização em serviços de manutenção industrial. Rio de Janeiro, Interciência, 2014SHIGUNOV NETO, Alexandre; DENCKER, Ada de Freitas M. & CAMPOS, Letícia Mirella Fischer. Dicionário de Administração e Turismo. Rio de Janeiro, Ciência Moderna, 2006SHIGUNOV NETO, Alexandre; TEIXEIRA, Alexandre Andrade & CAMPOS, Letícia Mirella Fischer. Fundamentos da Ciência Administrativa. Rio de Janeiro, Ciência Moderna, 2005SILVA, Reinaldo Oliveira da. Teorias da Administração. São Paulo, Pioneira Thomson Learning, 2002STEINER, G. A.; MINER, J. B. Política e estratégia administrativa. Rio de Janeiro, Interciência, 1981THOMPSON JR., A. A.; STRICKLAND, A. J. eGAMBLE, J. E. Administração estratégica. 15.ed. Porto Alegre, Bookman, 2008

TRENTIM, Mario Henrique. Manual do MS Projetct 2010 e melhores práticas do PMI. São Paulo, Atlas, 2010

VALERIANO, Dalton L.Moderno gerenciamento de projetos. São Paulo, Pearson/Prentice Hall, 2005

VARGAS, Ricardo Viana. Manual prático do plano de projeto. 5.ed. São Paulo, Brasport, 2014

VASCONCELOS, Flávio C. Relatório de pesquisa - NPP - Vantagem competitiva: os construtos e a métrica. São Paulo, EAESP-FGV Disponível: http://bibliotecadigital.fgv.br/dspace/bitstream/handle/10438/3031/P00309_1.pdf?sequence=1. Acesso em 03/06/14

VASCONCELOS, Flávio Carvalho de. Dinâmica organizacional e estratégia: imagens e conceitos. São Paulo, Cengage Learning, 2007VASCONCELOS, P. e PAGNONCELLI, D. Construindo estratégia para vencer. Rio de Janeiro, Campus, 2001VIZEU, F. e GONÇALVES, A. Pensamento estratégico: origens, princípios e perspectivas. São Paulo, Atlas, 2010WOILER, Sansao e MARTINS, Washington Franco. Projetos - planejamento, elaboração e análise. 2.ed. São Paulo, Atlas, 2008ZACCARELLI, S.B. A moderna estratégia nas empresas e o velho planejamento estratégico. RAE Light, São Paulo: FGV, v. 2, n. 5, p. 21-26,set.-out. 1995

Impressão e acabamento
Gráfica da Editora Ciência Moderna Ltda.
Tel: (21) 2201-6662